改变自己

每天精进一点点

齐光伟／著

中国纺织出版社有限公司

内 容 提 要

当生活无法改变时，只能改变你自己。无论生活给予我们什么，都不可自怨自艾，而应该把它当成对我们的磨炼和馈赠。只要抱着这样的心态，我们就能不断成长和进步。

这是一本帮助我们进行心灵归位的暖心之作，它告诉我们，一个人只有把握好内心，才能真正无所畏惧，才能成为生活的强者、人生的赢家，才能在人生路上无论遇到什么都能心无旁骛、努力向前，最终收获幸福。

图书在版编目（CIP）数据

改变自己：每天精进一点点 / 齐光伟著. --北京：中国纺织出版社有限公司，2020.2（2024.7重印）

ISBN 978-7-5180-6875-3

Ⅰ.①改… Ⅱ.①齐… Ⅲ.①成功心理—通俗读物 Ⅳ.①B848.4-49

中国版本图书馆CIP数据核字（2019）第229722号

责任编辑：李　杨　　责任印制：储志伟

中国纺织出版社有限公司出版发行

地址：北京市朝阳区百子湾东里A407号楼　邮政编码：100124

销售电话：010—67004422　传真：010—87155801

http://www.c-textilep.com

中国纺织出版社天猫旗舰店

官方微博http://weibo.com/2119887771

河北延风印务有限公司印刷　各地新华书店经销

2020年2月第1版　2024年7月第5次印刷

开本：880×1230　1/32　印张：5

字数：123千字　定价：39.80元

前言

有人说，人生就如同一盒巧克力，我们谁也不知道下一刻会发生什么。的确，这个世界无时无刻不在发生着变化，在我们的人生旅途中，也总是会遇到很多问题，如失业、公司倒闭、财务危机、健康问题、感情结束、亲人离去、婚姻破裂……当这些无法改变的事发生时，也许你无法接受，但你要明白，我们不能改变现实，我们唯一可以改变的是自己的内心。

事实上，我们从呱呱坠地开始就已经在承受磨难了，只不过一些人在成长的过程中，能摆平心态、勇敢面对，超越了磨难。在他们的脸上，总是挂满笑容，他们总是能用积极的能量感染周围的人，然而，也有一些人，面对折磨听天由命，最终消极疲惫地度过一生。那么，你想做哪种人？

很明显，我们都希望成为前者，要改变自己的心，首先需要我们认识到生活中的种种不顺所给我们带来的正面作用，这些挫折、磨难、逆境并不是应该被我们完全否定的事物，而是历练我们的一把利器，能唤醒我们的灵魂，能让我们更坚韧。所以，正是因为这些痛苦和折磨的存在，我们人生才会更完满。

我们所处的世界就是如此，如果我们无法改变世界，就要学会接纳，并改变自己的心态，这样我们的眼里就会呈现出完全不同的景色。哲人说，人生最大的敌人其实就是自己，我们的内心会为自己设置非常多的障碍，从而让自己的一生都在不快乐之中挣扎。然而，不管以何种方式面对灾难，强者的心态都应该是积极的。面对可以战胜的苦难，强者主动出击，面对无法战胜、只能熬着的苦难，强者也能够保持乐观的心态。由此可见，我们想要战胜命运，就一定要保持良好的心态。记住，苦难总是暂时的，生命就如同一条奔腾不息的长河，既会把我们卷入旋涡之中，也会把我们带出苦难，迎接更美好的未来。

这是一本帮你重启心灵之门的智慧之书，本书会告诉你，真正幸福的人，无论生活给予他什么，他都能坚强应对。当然，阅读本书并不能让我们的内心坚不可摧，但是它足以帮你更加了解自己的内心，并掌握面对生活的方法。生活中仍然会有很多让我们不如意的事情，但即使这样，我们也可以调整自己的内心，从而重新获得动力冲向人生的顶峰。

作者

2019年5月

目录

第1章

活着就要折腾，总要看看自己究竟能够走多远

现代社会，科技进步的速度快得惊人，也引导了社会各方面的发展。不论任何人，如果拒绝改变，依然用旧的思想、旧的做法去做人做事，总是渴望安稳的生活的话，那就会被社会淘汰。所以，千万不要当个死硬派，因为人生在世，活着就要折腾，你不折腾，就永远不知道自己能走多远，你敢折腾，才能激发出自己无限的潜能，实现自我的突破。

你的目标，是要成为无法被取代的唯一

上个星期跟一个朋友聊天的时候，她问我有没有从事人力相关工作的朋友，因为她想咨询一些关于单方面解除劳动合同补偿的相关法律法规的问题。我连忙问起是不是发生了什么事情，只听她无可奈何地对我说：“公司上半年业绩不好要裁员，我很不幸地被劝退了……”这点其实让我非常诧异，还记得去年她面试通过这家公司的时候，还很兴奋地跟我说起过这家公司是正规的上市公司，各种福利待遇应有尽有，最关键的是离她家还很近，只有十分钟的车程。虽然整体来说，工资的确没有以前高，但是终归自己还是比较满意的。

后来我仔细询问了朋友的工作内容，老实说，我也能够理解他们公司的这项决定了。朋友在他们公司里面担任行政助理一职，每天的工作内容其实就是一些很事务性的杂事。而且，在这个岗位上的还有另外一个姑娘，主要负责销售助理，她们两个互相配合，一个负责整个公司的内勤，一个主要负责销售部门的内勤。

对于另外的这个同事，其实我还是有点印象的。因为早在去年年底的时候，朋友跟我提过，那个姑娘准备报考会计资格证书，还想再报个英语培训班提升一下自己，问我朋友要不要一起结个伴。朋友当时问我建不建议她考，我当然是满口同意，极力鼓励她去好好学习，不断提升自己。结果没想到，朋友只是嘴上答应着，心里根本就没有将报名这件事情当回事，以至于报考的材料缺东少西，最终错过了报名的时间，而她那位同事则顺利报名成功并且时隔一年已经拿到了证书。

这次劝退的时候，其实老板是想将她们两个都辞退掉，将内勤这块岗位直接取消掉，直接分配至每个部门自行解决。但是财务部刚好有个姑娘要回家休产假，缺少一个财务助理，公司一时半会既不想招人，也担心招到的人不是很合适。就这样，老板从她们两人之间做出选择，将她那位同事留了下来做换岗处理。而我这位朋友则被劝退了。

现在，我朋友终于也下定决心开始执行一个学习计划，努力提升一下自己。想来这次的事情对她的刺激应该是蛮大的。

就像是罗振宇老师曾经在一次演讲中提到的：未来，你的报酬不是和你的劳动成正比，而是和你劳动的不可替代性成正比。诚然，处在当前这个变化多端的信息大爆炸时代，今天看似不可替代的岗位或行业可能在明天就会因为一个新技术的出现而被无情地取代。曾经，我们的竞争对手可能是同行业的佼佼者，如今，每个人都不缺少学习渠道，每个人只要想就能够拥有足够多的信息资源，马路上随便一个人都有可能成为我的竞争对手，让我们时刻警惕。

其实不管在任何时代，想要在一个地方长期立足并拥有一定的话语权，“不可替代性”必定是你需要学会并掌握的一种能力。如果你每天的工作就只是做一些机械性的活，更可怕的是还毫无创新。这样几十年如一日，恐怕，不用我说你也知道自己毫无竞争力可言。不用说未来，就算是现在也有越来越多的征兆和趋势在告诉我们：以后我们的竞争对手除了人类以外，还有人工智能。因此，如果你每天的工作内容都只是一样的重复性劳动，那你真的应该要好好想一想未来的出路，更应该从现在开始就做好随时会被淘汰的准备。只有当你的工作内容无人能够替代的时候，你才有足够的资本和自信立足。

我曾经在《寻找中国牛人》的网络节目里，看到过一个全能司机，他的事迹让我至今印象深刻，每每遇到工作上的难题想要辞职放弃的时候，我就会想起这个司机大哥的故事。是他让我知道了什么叫作不可替代，也是他让我明白了职业不分高低贵贱，不管身处什么岗位，只要变得无可替代，就能真正实现自己的价值。

这位大哥名叫老朱，他给一个公司的老总做专职司机。老朱的文化程度并不是很高，但是很喜欢看书。他最大的优势就是热情，身边有很多能够互相帮助的朋友，遇到问题的时候自然也能够有很多的解决方法。所以，老朱从一开始的专职司机逐步担任了老总的秘书、办公室主任、后勤等多个角色。老板有时候出差需要的坐车、吃饭住宿，甚至联系当地的客户接送等一系列事情，都归老朱负责。

原先，我以为这应该是一个家族企业，亲戚变员工之类的故事。后来才知道其实并不是，老朱和老板之间只是单纯的上下级关系。但是不管老板交代给老朱的事情有多么得琐碎，老朱每次都能够同时拿出好几套的解决方案，并从中选出最优解决方案，几年时间下来，从来没有出过错。老板曾经也请过其他的专门秘书，包括综合协调人员，最终都没有能做得长久，因为没有人能够轻易地替代老朱的工作。由此，老朱也就从一个普通司机变成了全公司上下无人不知并尊敬万分的全能司机，甚至还上了网络上的综艺节目，一举成名。

老朱说："在一个公司里，你的工作没人能代替，你基本上才能算立足了。"一个普通司机有了超高的思想觉悟以后尚能如此，那么拥有高学历、高学识的我们呢？首先你要有想法，然后再付诸具体的行动，我们的人生也就能够跟老朱一样，即便只是身处普通岗位，依然能够想尽办法，让自己变得无可替代。

打破舒适区，别甘愿做安全感的奴隶

生活中的我们总是会有这样的时刻：课堂上老师提出一个问题，自己明明很想回答，却因为没有自信保证一定不会错而不敢主动争取；明明当初自己去参加聚会的目的是为了多认识一些陌生的朋友，开拓一下朋友圈，结果到了聚会当晚，相聊的还是那几个相互熟悉的人；明明知道晨起锻炼身体对自己好处多多，却还是改不了每天熬夜晚睡的习惯……没错，从某种天性上来说，我们对接触陌生事物和改变固有习惯就是有着一种天然的抗拒，我们总是习惯于窝在自己构建的舒适区里面，不愿轻易地改变。从一定意义上来说，我们每个人的选择其实都是在我们能力范围以内所做出的自认为最优的选择，因而可以说，我们每个人其实都是安全感的奴隶。

人生在世，我们每个人都有自己不同的舒适区，它或者是一成不变的生活节奏，也或者是不愿做出改变的一种状态，更或者是很多你早已习以为常的习惯。在这个熟知的安全区域里，我们的日常生活总是被熟悉的事物填满，因为这些会给你带来满足，让你认定“人生本就该这样子的”。这一切的理由当然无比熟悉，让你根本就不会去思考为什么，根本就不会去追问为什么。你只会觉得这一切是那么得舒适，那么得让你放松，让你能够掌握，能够拥有足够的安全感。这是我们人类的本性，也是我们的天然惰性所在。没有外在的压力和期望造成的不安，我们往往会心安理得，得过且过。

但是，你我都无法保证我们能够永远待在自己的舒适区里面不受任何威胁。并且，在你从未走出舒适区，看到自己真正拥有多大的潜能的时候，你其实是无法理解自己能够有多棒的。当你真正走出去以后，你必定会发现一个很不一样的自己。

常年待在舒适区的最大弊端是会让我们逐渐变得麻木，就像是被温水煮着的青蛙，习惯了越来越热的水温，忍受着越来越恶劣的生存环境，直到最后想要逃离的时候，却发现自己早已失去了跳出的能力和在外生存的能力。得过且过，这是一个特别恐怖的词语，也是人生最不值的活法。怀抱着得过且过的心理会让我们失去对每天多学一点、进步一点的干劲和热情，会让我们陷入越累越麻痹、越麻痹越辛苦的负能量怪圈。

因此，当你发现自己身上已经开始有了这些征兆的时候，应当立刻抓紧时间，尝试走出自己的舒适区。毕竟未来如此得变动不安，不可预料，我们唯一能够做的就是要提前做好万全的准备，随时应对这世界出现的新的变化。确实，我们每个人都有自己的现实顾虑，因此，我们总是会出于各种客观原因，不敢尝试新的事物，不敢踏出那一步。但其实，我们完全可以让自己在可控的范围内适当地走远一点，挑战一些通常不太会做的事情。

鞭策自己勇敢地走出自己的舒适区能够让我们更清楚地认识自己，发现自己的潜能，让我们了解到更为全面的自己。或许，等你走出来以后，你会发现原先那些你认为太难或者不愿意做的事情其实是有实现的可能的。同时，督促自己早些迈出舒适区，也能够让自己找到更聪明、更有效率的工作方式，让自己在处理意想不到的变化时变得更加游刃有余。因此，我们应当要让自己习惯于走出我们的舒适区，勇敢迈出人生的新步伐。

当我们开始挑战自己的时候，其实我们自己的舒适区也会逐渐得到调整。并且，当我们勇敢走出第一步，开始接触新鲜事物和新的知识以后，会让我们对自己原有的知识结构进行反思，让我们能够以一种新的视角和更高的要求重新审视自己，激发我们向固有的习惯和成见挑战，在新旧交锋和碰撞中不断地充实我们自己，成为更好的自己。

其实，我们每个人都会懒惰，偶尔的懒惰也并不是一件很可怕的事情，因为我们也会有需要休息和调整自己的时候。可怕的是当懒惰成为习惯，胆怯成为常态，让我们逐渐丢失了自己，最终迷失了自我。因此，我们应当要时刻提醒自己，我们只有始终保持开放的心态，不断接受那些外在的挑战和刺激，同时不放弃对自我内在渴望的探索和追求，最终才能够真地不负此生。只有在适当的时候跳出自己的舒适圈，我们才能够遇见更大的世界，也才能够越发逼近那个最真实的自己，看到我们最具活力的模样。当你内心真正觉醒以后，你才会主动要求跳出自己的舒适区，而只有你真正远离自己曾经的舒适区以后，你才会变成一个更好的自己。你才会发现，你真正的人生开始了。

你爱折腾，人生才有更多可能

有人认为安稳是福，所以终其一生都在追求安稳的生活。确实，稳定的生活是我们每个人追求的梦想，每天早上睁开眼，发现周围一切都是熟悉的其实是一件很幸福的事情。但是，我想告诉你的是，稳定或者是安稳，从不意味着一成不变和固守己见。爱折腾这件事情也并不意味着不靠谱和不安分，在现在这个信息化、多元化的时代里，爱折腾的人其实更容易获得成功，更容易达到想要的稳定状态。

为什么这么说呢？首先，爱折腾的人必定都拥有不安定的内心，他们不会一直满足于现状，总是会想要改变目前的状态，追求更好的生活。这点在我们追梦的过程中是很重要的。试想，如果你连想要改变的想法都没有，又何谈改进的行动呢？明明心中还有那么多未曾实现的梦想，又有什么理由停下前进的脚步呢？

曾经听一个朋友说过这么一段话：什么叫作出路？人生的出路从哪里来？出路就是走出去，既然需要走出去，那么人生的出路靠等必定是等不来的。因而，只有多出去走走，多折腾折腾，活路才能出来。那么，什么又叫作困难呢？困难就是总将自己困在一个地方不动，一直不动，那人生自然就会越来越难了。

我这个朋友之所以会有这么深的感悟，是因为他自己就是一个特别能够折腾的人。暂且称呼这个朋友为胡老板，胡老板是我的小学同学，我们住在同一个村庄里，两家靠得很近，可以说是从小一起长大。胡老板的家庭条件并不理想，父亲年轻的时候生过一场重病，留下了不能干重活的毛病，又是一个没有文化的农村人，每年自家种的几亩稻子打理起来都费劲，就更不要说其他的重活了，只能每天四处转悠着到处拾点废纸盒子、空塑料瓶倒卖一下赚点家用。而母亲在他幼年的时候，忍受不了这种生活竟狠心离开了他。从此，只剩下他和父亲两人相依为命，互相支持。

都说穷人的孩子早当家，胡老板正是这样。当我们还在父母的关照下按部就班上大学的时候，胡老板就自己选择了学习绘画，因为这样才能够以最快的速度有出去工作的能力。并且，胡老板自幼的愿望便是能够成为一名优秀的艺术家。于是，刚上大二胡老板就开始了自己的摆摊生涯，每逢天气好的时候，就带着自己的工具箱去学校附近的天桥下面帮行人画速写，一张画十元钱。每逢过年回家的时候，我都喜欢到胡老板家串门，调侃他帮我画上几幅画“收藏”起来，以后等着升值。胡老板很高兴，总是很认真地帮我画好。曾经，我一度以为，胡老板应该是要坚定地走艺术家这条道路了。

大四的时候，胡老板得知了一个培训机构的渠道，进去做起了培训老师，每天带着小朋友们学习画画，他也有了更为稳定的收入。毕业以后，胡老板就用自己的积蓄和同学一起开了一个小画室，自己做老板带学生画画。凡事只要用心，一定就能够有所突破。经历了初期的艰难以后，凭借着良好的口碑和推荐，胡老板的画室招收到了越来越多的学生，他们的生意也做得越来越大。不曾想，就在短短两年以后，胡老板就将自己在画室里面的所有股份抽了出来，自己单独去开了一家零食坊。当胡老板告诉我这件事情的时候，我一度很不能理解，放着这么现成稳定的钱不赚，又去自己折腾零食坊。胡老板只是朝我笑笑，说了一些自己的想法。他说画室虽然是赚钱，但是毕竟面对的生源有限，而且涉及到诸多利益分配、成本投入的问题，自己一直做得很累。

离开画室以后，胡老板一心经营着自己的零食坊。短短三年时间里，已经发展出了十几家分店。现如今，胡老板将他这十几家零食坊都交给了一个专业经理人进行打理，自己则全心全意又经营起了一家火锅店。胡老板说，他现在的梦想就是有朝一日成立自己的美食王国。就这样，胡老板家早已从我们村庄的贫穷户一跃成了数一数二的富足人家。胡老板的生活也是越折腾越开心，越折腾越自由，越折腾越幸福。

其实，生活中像胡老板这样喜欢折腾的人并不在少数。仔细观察身边的成功人士，你会发现，他们能够成功的原因，也往往在于他们身上这股爱折腾的劲。就像是现在最为人熟知的马云，当年是学校里的一名英语老师，拥有着一份令人羡慕的“铁饭碗”。但他却偏偏不要，选择辞职出来折腾互联网，折腾电商，才有了现在的阿里巴巴电商帝国。再比如新东方培训学校的创始人俞敏洪，也是不安于现状，辞掉了北大的老师工作，出来创办了自己的专业学校，最终才获得了成功。

生活在这个物质资源富足的世界里，我们总是很容易就会产生一种满足感。这种满足感会让我们感受到安逸和舒适，会让我们产生一种似乎我们的生活和那些顶级人物的生活也是在同一水平线上的错觉。但其实，我们和他们之间的距离远到我们难以想象，远到超出你能够达到的认知范畴。

我们应该将每天的时间花费在听课读书而不是沉迷于手机

中，将每天的时间用于健身跑步而不是胡吃海塞，又或者，每天都严格规划时间而不是每天懒懒散散。平日里看不到的这些小区别，其实正是造成差距的原因所在。很多时候，人与人之间的区别和差距并不在于天分和运气，而就在这每天一点一滴的小事上。当你懒于折腾，贪图享受的时候，希望你能够想起这样一句话：你未来的样子正是由当下的你决定的。你的所有努力，时间都能看得见。因此，保护好你心中那颗不安分的种子，不要将它随意丢弃，坚定地种下他，坚持地浇灌下去。最终，一定会开出属于你的生命之花。

拥有冒险精神，人生才会更宽阔

几乎每个人都想获得成功，这是人趋利避害的本能。但是，成功远远不是古人所说的那样具备天时地利人和的条件就可以。更多的时候，还要敢于冒险，还要努力尝试。众所周知，现代社会中各行各业的竞争非常激烈，所以作为一个职场人士，要想从行业中脱颖而出，也显得非常困难，要想在社会中为自己赢得一席之地，更是难上加难。现实生活中，有太多的人都习惯墨守成规，为此他们不知道如何打破限制和禁锢，而总是按部就班，因而发展得很慢。

人类社会之所以能不断地向前发展，就是因为有无数的人敢于冒险，敢于尝试。也许他们的尝试会失败，但是却从中得到经验和教训，为此他们在努力的道路上就更加前进了一步。这样的失败，比起故步自封、止步不前，是很大的进步。因此，我们也要有敢于冒险的精神。很多年轻人说，年轻就是资本，为此他们肆意挥霍青春，不愿意努力进取。的确，年轻是资本，但是年轻却不是浪费生命的理由，而是努力奋斗和冒险的资本。年轻人更要有冒险的精神，这样才能让人生的道路更为宽阔，让人生的天地更为辽阔。

如果你的青春从未有过冒险的经历，那么当青春的时光悄然流逝的时候，你如何才能说“我的青春我做主，我的人生无怨无悔”呢？当你把青春都荒废了，你未来一定会有更多的遗憾，也一定会感到很懊悔。为了让人生无怨无悔，为了提升生命的质量，我们一定要积极地面对人生，勇敢无畏地向前。当然，不是每一次付出都有回报，也不是每一次冒险都有收获。哥伦布发现新大陆，也是几次航行才能够成功；玄奘西天取经，也历经了无数凶险。人怎么可能随随便便就把事情做得成功呢？只有不断地提升和磨炼自己，只有坚持不懈勇往直前，我们才能更加有的放矢地面对自己，提升和完善自己。记住，当你足够优秀，人生的花必然对你绽放。

小伟作为一个职场菜鸟，进公司没多久就开始蠢蠢欲动。他始终都牢记着那句话：不想当将军的士兵不是好士兵。为此，他一直都想吸引上司的注意，也想为自己争取到更多的机会。在入职半年的时候，小伟终于下定决心给上司写了一封信。在信件里，小伟对上司说：“亲爱的领导，也许您不认识我，但是我却很熟悉您……今天是我入职半年的日子，我很想送自己一份礼物来纪念这个时刻。我想送给自己的礼物，就是得到您的评价。当然，我知道您日理万机，每天都很忙碌，也许根本没有时间来给我写评价，那也没关系，您只要告诉我，根据我这半年来的工作表现，我足以胜任更重要的工作和职务吗？”把信发给上司之后，小伟就一直很忐忑地在等待上司的回信。没想到，上司当天下午就给小伟回信了，在信件里，上司对小伟说：“收拾东西，准备去非洲出差！”

平日里，那些老同事都不愿意去非洲出差，因为非洲不但生存环境很恶劣，而且还会面临疾病的困扰。所以每当上司说需要去非洲出差的时候，他们总是会忍不住退缩，找各种理由逃避。小伟接到信件也很惊讶，因为他只是一个刚刚褪去青涩的新人，他倒不是不想去非洲出差，而是担心自己无法完成这么艰巨的任务。但是小伟决定接下这个任务，随着回信而来的，就是需要完成的工作任务。此后，上司从未联系过小伟，小伟就这样一头雾水地开始工作，甚至连坐在隔壁工位的同事都不知道他在干什么！一周之后，正当大家议论纷纷以为小伟不告而别的时候，小伟从非洲回来，直奔上司的办公室汇报工作。上司站起来对着小伟伸出手，说：“你在非洲的工作表现我已经知道了。接下来，就由你作为非洲分公司的负责人。”上司发出这个任命，不但小伟感到吃惊，就连同事们也都十分震惊。虽然非洲不是一个好地方，但是也轮不到一个毛头小子当非洲分公司的负责人吧！然而，上司的决议已经做出，小伟成功了。

上司为何会选定小伟去当非洲的负责人呢？就是因为小伟有着敢于冒险的精神。只是得到了上司的一封回信，小伟就能够不再多说其他的话，奔赴非洲完成任务，不得不说他是一个非常有胆识的人，也是一个特别敢于冒险的人。为此，上司才会特别赏识小伟，并给予小伟如此重要的任务。

作为年轻人，一定要敢于冒险，也只有主动去冒险，才能得到更多的机会，真正证明自己的实力。否则，哪怕有机会摆在面前，却依然犹豫不决，内心惶恐，最终眼睁睁地看着机会从自己的眼前溜走，不得不说，这样的做法只会距离成功越来越远。人生，总是需要拥有勇气的人，勇气不但是人生的动力，也是人生的脊梁。每个人都要鼓起勇气，挺直脊梁，才能无所畏惧走好属于自己的人生之路，也才能活出独属于自己的精彩与充实！

你最大的成功，是活成自己喜欢的样子

很多成功者之所以能够成功，并非因为他们有独特的天赋，也不是因为他们拥有好运气，而是因为他们有信念，也敢于拼搏。在信念的支撑下，他们能够当机立断付诸实际行动，从而让自己的人生更加勇敢无畏，拼搏进取。也许有些朋友会说，凡事总要三思而行，虽然三思而行是没有错的，但是我

们更需要在想好之后马上就展开行动。有很多人都会犯拖延的错误，明明有好的想法，却因为拖延而最终变成空想。这样一来，好想法就会变得毫无意义，对于人生也没有切实有效的推动作用。

任何时候，我们都要敢想敢做，敢于拼搏，才能让人生绽放光彩。对于成功的理解，很多人也过于狭隘，他们常常觉得人生成功与否，与有多少金钱、当多大的官有关系。其实，这些所谓的身外之物固然可以改善和提升生活的质量，但是与人生是否成功并没有必然的联系。真正的成功，无关年龄，无关金钱，而是与一个人是否努力，是否勇于拼搏有着密切的关联。天上从来不会掉馅饼，人生从来没有免费的午餐，每个人都要靠着自己的努力实现人生的价值和意义。最大的成功，是活成自己的样子，活出自己的精彩人生，而不是盲目地模仿别人，或者跟在别人后面做一些平淡无奇的事情。

高收益必然伴随着高风险。很多时候，我们只想获得成功，而不能接受失败，不得不说，这样的成功根本不存在。古往今来，哪一个成功者不是伴随着血泪和汗水，哪一个人不是在付出很多之后才能得到些许的回报。不管怎样，最重要的是勇敢，是坚持。

前些年热播的电视剧《亮剑》，剧中的李云龙给人留下了深刻的印象，也圈粉无数。实际上，李云龙正如他自己所说的那样是个粗人，他之所以能够具有强大的人格魅力，就是因为他非常勇敢，也因为他敢于拼搏。当然，我们生活在和平的年代里，不需要与敌人撕杀，但是现代生活生存这么艰难，每个人要想为自己赢得一席之地，就必须非常努力，也要用尽全力去做到最好。

大学毕业后，小夏想去外地工作，还想继续考研。尽管爸爸妈妈都很反对，但是她却坚持自己的想法，去了遥远的大城市，孤身一人打拼。爸爸妈妈总是很牵挂小夏，也常常会打电话劝说小夏回家，但是小夏从来都是拒绝。后来，小夏在大城市有了稳定的工作，也有了自己的小家。有段时间，公司要外派人员出国一年的时间，小夏几乎不假思索地报名参加。

对此，丈夫和爸爸妈妈都有很强烈的反对意见。丈夫觉得自己一个人无法照顾好孩子，爸爸妈妈则提醒小夏一年的时间太长，夫妻感情也会淡漠，甚至还会影响家庭的安定团结。但是，这个机会千载难逢，小夏如果能去，回来之后就会有很好的发展。为此，小夏坚定不移，先是做通丈夫的工作，接着就义无反顾奔向国外。在这一年的时间里，小夏曾经三次回家探亲，也每天都在通过视频了解丈夫和孩子的情况。一年后回到国内，小夏摇身一变成为大区总监，职位晋升，薪水也得到提升，真正是人生赢家。

面对人生的很多机遇，我们常常会犹豫，但是对人生而言，好机会千载难逢，而且转瞬即逝。如果能够抓住机遇，我们在人生之中就会有突飞猛进的发展，如果不能抓住机遇，我们在成长过程中就会滞后很多。为此，我们一定要端正心态，在人生之中主动创造和把握更多的机会，全力以赴做好自己该做的事情。

尤其是在现代社会，很多年轻人都会感到迷惘。他们有梦想，但却总是停滞不前，或者面对自己一个非常好的想法，他们也总是会拖延。还有相当一部分年轻人眼高手低，总是想要干更少的活儿，收获更多。不得不说，这样的想法禁锢了年轻人的发展，也常常会让年轻人局限在自己的安逸天地中，不愿意走出来。成功，最重要的就是要敢想敢干，因为只有迈出行动的第一步，才是真正开始走向成功。当然，成功的道路很艰难，我们必须更加努力去做，也要在遇到困境的时候坚持下去，才能超越人生的困境，走到柳暗花明的境遇中。

记住，这个世界从来不会按照我们的意志去转动，更多的时候，我们必须非常努力，坚持不懈，才能获得小小的收获。即使这样小小的收获，也能成为激励我们的光芒，让我们可以在人生道路上执着前行。人生短暂，不要白白让生命的光阴流淌，当你的生命发光，你的未来也会发光发亮。

第 2 章

发现美好的自己，你值得为自己喝彩

德国著名的哲学家黑格尔曾经说：“自卑总是和懈怠相伴而行。”越是妄自菲薄的人，越是缺乏积极的行动能力，细心的朋友会发现，古今中外每一个成功者都充满自信，他们相信自己有能力获得成功，并且为此不懈努力，最终才真正获得成功。因而我们每个人一定要发现美好的自己，要高看自己一眼，要相信自己是这个世界上独一无二的个体，这样才能成就人生，收获快乐。

欣赏自我，发现自己的美好

人是群居动物，每个人都不可能脱离人群而独自生活，尤其是在分工合作更加密切的现代社会，人与人之间会产生各种各样的联系，也都会得到外界的认可与肯定。在这种情况下，人们理所当然要好好表现，发挥自己所有的能力，迸发出所有的力量，从而让自己有良好的人生表现。然而，一定要注意的是不要总是奢求得到外界的欣赏，最重要的是我们自己要欣赏自己，就算全世界都放弃我们，我们也应该努力坚持下去；就算全世界都唾弃我们，我们也要相信自己是优秀的，也要为自己鼓掌。这样一来，我们才能让内心真正强大起来。

一个人如果不愿意自我肯定和自我欣赏，那么他的内心一定是自卑和胆怯的。对于人类而言，这是非常正常的情绪反应。自卑和胆怯的来源非常复杂，引起自卑和胆怯的原因也很多，诸如，有的孩子因为学习成绩不好而感到自卑；有的女孩因为长得不够漂亮而感到自卑；也有年轻人因为在工作上没有出色的表现而自卑。总而言之，很多自信的人都有相似之处和共同点，而对于大多数自卑的人而言，他们却各有各的自卑原因。

马斯洛需求层次理论告诉我们，每个人在满足基本的生理需求之后，都希望自己得到他人的肯定和尊重，这也是人的心理需求之根本。如果各级需求总是得不到满足，人就会变得越来越自卑，怀疑自己，也会因为胆小怯懦而不愿意面对自己，甚至完全封闭自己，不再与外界进行任何交流。生活中有很多人因为受到刺激而变得自闭，关闭了心扉。在这种情况下，作为普通人，我们要想让自己变得更加勇敢和强大，就一定要战胜恐惧，才能做到自己欣赏自己，自己认可自己，从自己的心灵中得到更强大的力量。

赵薇是个特别自卑的人，不管做什么事情，她都觉得自己无法做到最好，也常常因此而否定自己，觉得自己不如其他人表现更优秀。也许是因为从小生活在农村，她并没有什么才艺和特长，每当看到其他女同学或者弹琴或者歌唱或者跳舞的时候，她都自惭形秽，觉得自己简直不像一个女孩。在这样的心态下，随着时间的推移，赵薇变得越来越自我封闭，她甚至不愿意与同学们沟通，更不想和女生有过于亲近的来往。因此，她在学校里总是独来独往，从来不与其他同学结伴。渐渐地，她走路的时候也低着头，因为她怕看到同学不知道如何打招呼，说话的声音更是像蚊子哼哼，如果不伏在她的嘴边去听，甚至都听不清她在说什么。就这样，赵薇变得越来越卑微。

有一次，同学们聚会也邀请了赵薇一起参加。在整个吃饭过程中，赵薇始终坐在角落里低着头吃自己眼前的菜，不愿意抬起头来与大家交流。吃完饭之后，大家一起去唱歌，正当赵薇全神贯注地听着麦霸唱歌时，突然有一个女孩儿大声说：“赵薇，来一首吧。唱唱你拿手的歌，我们还没听过你唱歌呢！”听到这句话，赵薇马上变得面红耳赤，连连摆手说：“我可不会唱歌，我从来都不会唱歌，我长这么大都没有唱过歌。”听着赵薇语无伦次的推辞，那个女同学笑了起来。实际上，赵薇的嗓音非常优美，只是因为她没有勇气在众多同学面前唱歌而已。在同学们的起哄下，赵薇赶鸭子上架，无法拒绝，只好拿着麦克风勉为其难地唱了起来。

赵薇才唱了几句，大家都纷纷为她鼓掌，因为在麦克风的作用下，赵薇的声音真的非常优美动听。虽然因为紧张，赵薇的声音有些颤抖，但是瑕不掩瑜，同学们依然能够听出声音本质的优美。这个时候，一位男同学借花献佛，拿起KTV包间里的一盆塑料花送给赵薇。同学们都哈哈大笑起来，赵薇也情不自禁地笑起来。赵薇唱完歌，全场掌声雷动，让赵薇唱歌的女同学大声地说：“赵薇，你可真是天籁之音啊，你从来不唱歌，这简直是浪费。以后，你一定要相信自己，欣赏自己，否则这么好的嗓音岂不是白白埋没了吗！”在经历了这次挑战之后，赵薇的勇气明显增强了，她也敢于在别人面前说话了。尤其是在唱歌的时候，她从想唱不敢唱，到后来能够拿起麦克风勇敢大声地唱，简直有了翻天覆地的变化。

生活中很多人都不知道自己的优点和缺点。如果不知道自己的缺点，必然会因此而犯下错误；如果不知道自己的优点，那么会不懂得欣赏自己。和那些趾高气昂只知道自己优点且只看到别人缺点的人相比，他们恰恰相反，总是看到自己的缺点，而更多地看到他人的优点。在这种情况下，哪怕他人并不那么优秀，因为仰视的角度，他们也会觉得他人无端地高大起来。实际上，与其把他人奉若神明，还不如利用自身的优势发展能力，提升水平，也学着站在平等的角度欣赏他人。这样一来，我们才能变得更加自信和勇敢，也才能为自己的人生开阔道路。

其实在遭到他人的否定和怀疑时，我们更应该懂得重视自己，因为只有给自己足够的重视，我们才能得到他人的尊重和理解，才能让人生绽放出绚丽的光彩。否则，如果我们总是妄自菲薄，否定自己，又如何能说服他人相信并且器重我们呢?

心怀感恩，乐观面对人生的不幸

在面对人生中很多事情的时候，我们都会感到无端地恐惧，实际上这种恐惧并非来自于外界，而是来自于我们的内心。那么，我们的内心为何不能充满喜乐，反而充满恐惧呢?当然，这与外界有着密不可分的关系，最重要的在于当人生遭遇困境的时候，我们会情不自禁地放大自己的不幸，而缩小自己的幸运。在这种情况下，我们当然会对命运充满怨恨，而不能够满怀感恩之心。例如，有的人在实现梦想的路上遇到了很多挫折，他们就会觉得简直天塌地陷，哪怕再怎么小心谨慎，也不敢继续在人生的道路上冒险。还有很多人哪怕受到小小的批评，也会觉得自己因此而受到了全世界的委屈。所以他们从此之后就放弃自己的意见和想法，而让自己默默无闻，从不发出自己的声音和主见。实际上，这都是因噎废食的行为，因为一个人哪怕在提意见的时候遭到批评和否定，也不应该从此之后就开始闭口不言。还有的人因为打破常规而遭到一定的伤害，难道此后就一定要僵化地遵守规矩吗？这些都不是漠视人生的理由。我们一定要乐观地看待自己的不幸，才能更加从容坦然地面对人生的幸运。

实际上，人生不如意十之八九，没有人会因为生活中小小的不如意或者挫折就放弃人生，导致人生出现重大的改变和转折。在面对人生的不如意时，我们无需觉得世界末日就要来到了，甚至从此之后把自己变成套中人处处谨小慎微，无法勇敢地去冒险。很多朋友哪怕受到小小的批评就觉得万分委屈，是因为他们总是感到自己是非常优秀的，因而对他人的批评没有丝毫的承受能力。实际上，在这个世界上没有任何人能一帆风顺，大多数人都要经历生活的坎坷和磨难，才能让自己变得更加坚强和强大。所以我们必须怀着积极的心态对待人生，而不要总是以悲观的角度看待这个世界，否则就会让人生的不幸放大，也会让人生的幸运缩小。既然哭着也是一天，笑着也是一天，我们为何不笑着度过人生的每一天呢？这才是真正有智慧的人做出的明智选择。

作为一名青少年，小河总是对人生有很多的不满意。他正在读小学六年级，每天都要写四五个小时的作业，有的时候要到晚上十一二点才能完成作业。第二天早晨六点半，他又要睁开惺忪的睡眼，马上赶到学校。对于一个少年而言，这样的生活无疑是枯燥无味的，为此小河每天早上困倦地睁开双眼时，都会觉得气呼呼的，什么也不想做。他既不想笑着去刷牙洗脸，也不想带着愉悦的心情去吃早饭，而只想躲在温暖的被窝里继续呼呼大睡。

有一次，小河与老师之间发生了小小的冲突，因为对老师不够尊重，和老师犟嘴，小河被老师严肃地批评了，爸爸也被老师叫到学校。在和老师沟通过之后，爸爸觉得小河的错误并不是很严重，只要稍微加以教育和引导，让小河不再犯同样的错误即可。因此回家之后，爸爸并没有批评小河，而是耐心地给小河讲道理。不想到了第二天，老师得知小河没有挨揍，却说小河爸爸的教育方法不对，还说小河是顽皮的孩子。为此，冲动的小河在与老师交谈之后，就在班级的同学群里狠狠地骂了老师。在那一瞬间，可想而知小河的心里只有愤怒，而没有意识到老师平日里对同学的付出，更没有对老师的感恩。在这种情况下，老师当然是非常生气的，因而当即又把爸爸叫到学校去。

听明白事情的始末，爸爸依然没有批评小河，而是选择与小河沟通，解开小河心中的结。爸爸和小河都意识到，是因为愤怒，小河才会完全忘记老师对自己的付出，也把感恩之心抛到脑后去了。平日里，小河是非常乖巧的孩子，谦逊有礼，也尊老爱幼。爸爸苦口婆心地对小河说：“每个人都会犯错误，这个世界上没有任何人是完美的，也不可能让所有的人都满意。遇到误解或者惹怒他人，我们一定要调整好心态，既要看到他人不好的地方，也要看到他人的优点，唯有如此，我们才能做得更好，处理好人生中很多棘手的事情，而避免事情恶化。”听了爸爸的话，已经平静的小河认真地点点头，心服口服地说：“爸爸，你说得对！我以后一定要改变自己，控制好自己的情绪。”

在人生之中，很多人都非常幸运，他们不管遇到什么问题，都能积极地解决问题，也能实现心愿，这是因为他们能够扩大自己的幸运，而缩小自己的不幸，所以才能在人生中充满正能量。与他们相比，有些人则恰恰相反，他们总是不停地抱怨，人生也消极悲观。殊不知，在营造了人生负能量的气场之后，他们就会变得更加被动，也会导致人生吸引更多的不幸。所以任何时候都不要给自己营造负面的生存环境，只有积极乐观，人生才会充满动力，勇往直前，做出一番成就。

在遭遇人生的坎坷挫折时，一定不要情绪低落，更不要沮丧绝望、怨天尤人，因为这些负面情绪只会让你的情况越来越糟糕，与其深陷这样的负面情绪之中无法自拔，还不如努力地改变自己，让自己更加积极乐观。无论如何，太阳都将照常升起，既然如此，我们为何不怀着希望去面对明日的到来呢？每个人都会有自己的幸运，也都会有自己的不幸。每个人的人生、命运之所以截然不同，是因为有人会把自己的不幸缩小，而有人则总是把自己的不幸不断放大。当不幸到来的时候，我们一定要怀着积极乐观的心态，客观审视不幸，拼尽全力消除不幸，从而避免让人生陷入被动的局面。

拥有自信，让自己成为不可或缺的存在

在人生的道路上，没有人能顺遂如意，每个人在人生中都会经历各种各样的事情，或者感受到人生的快乐和喜悦，或者感受到人生的紧张不安，甚至是恐惧。然而，无论等待我们的是什么，我们都要坦然面对人生，并且牢牢记住人生的价值所在。唯有拥有自信和自我肯定，我们才能够真正发挥自身的能力，从而让自己成为不可或缺的存在。

不可否认的是，每个人都有自身的价值，每个人都是这个世界上独一无二的生命个体。遗憾的是，现实生活中能够真正知道自身价值的人却少之又少，而能够坚信自身价值的更是凤毛麟角。每个人都希望别人能够认可和肯定自己，却完全忽略了一个人唯有自尊、自重、自爱。才能赢得他人的认可。从这个角度而言，我们必须先认识到自身的价值，也要竭尽所能发挥自身的价值，从而才能在生活中有更好的未来。否则，如果我们毫无价值，或者因为自卑而影响自己的人生发展，那么又如何能够获得成功呢？

现实生活中，每个人都是独一无二的，都是不可替代的，就像一颗钻石，从不同的角度来看会有不同的光芒。人也是如

此，每个人都是与众不同的存在，每个人都要忠于自己的内心，不忘初心，才能摆脱人生的迷惘状态，让自己在人生之路上脱颖而出，成就自己。

大名鼎鼎的推销员吉拉德有一个很奇怪的习惯，就是在他的每一件衣服上都绣着一个金光闪闪的阿拉伯数字1。很多人在看到乔吉拉德的衣服时，第一时间就想到吉拉德一定是非常自负的人，所以才会把自己当成世界第一的推销员。实际上，他们当真正询问才知道吉拉德心中的答案。吉拉德告诉人们，那个数字并不代表他是世界上最伟大的推销员，也不意味着他是排名第一的推销员，而是代表着他在生命中是最伟大的，是不可取代的。吉拉德的话引人深思，因为这个世界上有太多优秀的人和出类拔萃者，而真正能够认为自己是世界上最伟大的存在的人，却少之又少。

吉拉德的人生并非一帆风顺，在三十五岁之前，他一直非常贫穷，甚至不能赚取足够的金钱来养活妻子儿女，导致家庭生活非常拮据。然而，在参加一次演讲之后，吉拉德才茅塞顿开，意识到自己的人生不应该这样混沌度过。在那次演讲比赛上，演讲者拿出一张钞票展示给听众们看，并且问哪位听众想要得到这张钱。当时，吉拉德恰巧坐在第一排，因而他毫不犹豫地举起了手。吉拉德想了想，说："我把这张钞票加工一下，我一定会把它还给你。"说完，演讲者把钞票放在手心里揉得皱皱巴巴，然后拿着这张皱皱巴巴的钞票又问台下的听众："现在，你们还想要这张钞票吗？"吉拉德再次把手臂举得高高的，然后坚定不移地说：“当然想要。”演讲者表现出惊讶的神情，然后继续做出了让人难以理解的动作，只见他把钞票扔到地上，然后用双脚狠狠地踩踏钞票，甚至还用脚长时间碾压钞票。当演讲者再次捡起钞票时，吉拉德发现那张钞票不但皱皱巴巴，而且变得肮脏不堪。演讲者再次问台下的听众：“如今，你们谁还想要这张钞票呢？”吉拉德马上毫不犹豫地再次举手，依然坚定不移地说：“我想要，我想要！”这时，演讲者满意地笑了。他说：“不管我把这张钞票揉皱了踩脏了，甚至我在上面吐一口唾沫，也许你们都依然想要这张钞票，因为这张钞票尽管看起来惨不忍睹，但实际上它的价值并没有因此而减弱分毫。它还拥有它之前的价值，它还能够换来等额的东西。一个人也是如此，哪怕遭遇命运的蹂躏，也不要让自己贬值，这样才能找到属于自己的去路。”演讲者刚刚说完这番话，吉拉德就陷入沉思之中。他当即如同醍醐灌顶一般，明白了自己一直以来最大的错误，那就是他觉得人生已经没有出路，所以不知不觉间就看低了自己。从此之后，他再也不觉得自己是卑微的存在，而总是坚信自己是最伟大的，所以他才能够坚持不懈地奔向成功，最终成为举世闻名的伟大推销员。

现实生活中，很多人都因为外界客观环境的影响，而遭遇各种各样的困难。每当这时，人们也许会感到沮丧绝望，也许会觉得人生毫无价值，也没有发展的前景，但是实际上就如一张钞票在接受各种各样的蹂躏之后，它的价值不会有分毫减少一样。一个人哪怕在人生中遭遇再多的困境和磨难，只要他总是心怀希望，愿意肯定自己，那么他就能够积极乐观地面对人生，也能够排除万难，在人生中扬帆起航。

只有相信自己，肯定自己，我们才能够消除内心的恐惧，才能绽放光芒，所以在人生遭遇不如意时，我们最先要做的并非怨声载道，更不是浪费宝贵的时间和精力去把责任推卸到他人的身上。真正的智者会先反思自己，想清楚自己遭遇磨难的原因，从而才能运用顽强的意志力，作为命运的舵手存在，也才能让人生价值最大限度地得以发挥。不管时代怎么改变，也不管周围的环境如何变，只要我们的内心是坚定的，只要我们认为自己是一颗璀璨的钻石，我们就一定会焕发出别样的光彩。

你所有的力量，来自于你的信念

一个人如果只有自信，也许会在人生中做出伟大的决定，但是一个人要想把这份决定推行下去变成现实，除了要有自信之外，还应该有坚定不移的信念。美国举世闻名的学校哈佛大学的一位校长曾经说过，每个人只有拥有信念，就能爆发出人生源源不断的力量。由此可以看出，信念的力量是非常强大的。对于人生而言，信念就像是一粒种子，在合适的条件下就能生根发芽。很多朋友都曾见识过种子的力量，走在环境残酷的野外，哪怕随便地掀起一片瓦砾，就会发现瓦砾下有一颗种子正在发芽。为了适应恶劣的生存环境，种子的嫩芽不得不努力弯曲身体，向着光的方向生长。这就是种子带给人们的震撼，一个拥有信念的人也如同拥有力量的种子一样，哪怕面对人生的困境和绝境，也绝不因此而感到恐惧，更不会因此而完全放弃对人生的努力。他们总是坦然面对人生的挑战，拥有顽强的意志力，采取各种方式，竭尽所能地完成人生的理想。

人生的确是需要力量的，正如人们常说的，人生不如意十之八九。没有任何人能够在人生中做到完全顺遂如意，每个人都会遇到各种各样的坎坷、挫折和磨难，也会遭遇不公平的对待。在这种情况下，越是艰难坎坷，越是要坚定不移，怀着信念在人生的道路上勇往直前。唯有如此，我们才能帮助自己熬过最难熬的阶段，也才能给人生更好的交代。

正如前文所说的，在这个世界上并没有真正的绝境，很多时候并不是客观的环境太过于艰苦，而是因为我们的内心陷入了绝望。所以我们才会变得沮丧绝望，看不到任何希望。在这种情况下，我们一定要在心中种下信念的种子，让这粒种子生根发芽，驱散内心的阴霾和恐惧，让自己充满力量，让心中绿意盎然。唯有如此，我们才能走出一望无际的人生沙漠，走到人生的绿洲之中，也让生命绽放。很多人的行动都是在信念的指引下进行的，恰当的行动使人们能够如愿以偿地走向成功。正是在这样的过程中，人们不断地接近人生的目标，也高举信念的火把，为自己照亮前路。哪怕周围一片暗淡，我们也可以在火光的照耀下，奔向人生既定的目标，从而不断前行，让人生拥有不一样的探索和发现。

很久以前，有一个探险家带领的探险队进入了沙漠腹地，他们很快吃完了所有的食物，喝完了所有的水。每个人都饥肠辘辘，口渴难忍，但是却看不到沙漠的边缘在哪里。因为一场突如其来的沙尘暴，他们还迷失了方向，这样一来，想要走出沙漠更是成为不可能的事情。队伍之中，有人变得颓废沮丧，甚至开始拿出笔和纸来写遗书。这个时候，作为队长的探险家感到非常焦虑，思来想去，他终于想出了一个好办法。队长决定用这个办法带领全队人找到活下去的生机。

探险家拿出一个很大的军用水壶，对着全队的人晃了晃，说："这里只剩下最后的一壶水。如果有人有危险的情况，就用这壶水来救他的命。但是在没有走出沙漠之前，只要没有意外的情况发生，我们必须坚持，而不能动这壶救命的水。"在队长的解释下，虽然大家都明白了这壶水是不能喝的水，但是明显感到精神振奋起来。他们从感到绝望变得充满希望。他们甚至不担心自己因为干渴倒下，因为毕竟队长还有那么大的一壶水呢！为了让队友们感受水的重量，队长还让队员们传递这个巨大的军用水壶。每个队员拿起这个沉甸甸的水壶，都觉得心里充满了希望。他们似乎觉得人生也有了保障，最终在三天三夜之后，队员们终于齐心协力相互帮助，走出了沙漠，也彻底远离了死神。大家全都高兴地抱在一起哭泣，这时候有一个人突然拿起水壶拧开壶盖，这才发现水壶里装满了沙子，根本没有一滴水。原来，探险家队长正是用沙子冒充水的方式，给队员们燃起对生的信念和希望，从而让队员们对人生有更加深刻的理解和感悟。

如果没有这壶水，当一个队员因为绝望而倒下之后，必然有更多的队员倒在他的身后。幸好探险家想出了这么一个好办法，用满满一壶的沙子，点燃了所有人心中对生的希望，也带领所有人走出了沙漠。在中国古代，曹操也曾经用过望梅止渴的方式带领部队不断地奔袭向前，最终摆脱缺水干渴的危机。同样也是给士兵树立坚定不移的信念，让士兵拥有伟大的力量。强大的信念能够激发人的巨大力量，一个人要想获得成功，就必须有信念，否则就会在人生中迷失方向。尤其是在遇到困难的时候，我们更应该怀着积极的态度去寻找解决问题的方法，而不要一味地沉浸在困难之中，让自己悲观绝望，无法自拔。只有在一无所有的时刻，我们才能够勇敢地激发出内心的力量，战胜内心的软弱，挣脱心中的囚牢，从而让人生崛起。

总而言之，信念对于人生是非常重要的。不管什么时候，我们可以缺少很多东西，唯独不能缺少信念。每个人都必须为人生树立坚定不移的信念，才能在伟大力量的支撑下不断地在人生路上前行，也最大限度地接近成功，直到获得成功。

从容淡定，你才会拥有岁月静好

在这个世界，每个人都在采取不同的生活方式，有的人慵慵懒懒，不愿意动起来，而有的人每天都在四处奔波、忙忙碌碌，却只能抓住时间的尾巴，直到生命老去，他们才意识到居然还没有机会尽情地享受生活。实际上，每个人都希望人生拥有与众不同的成就，让自己出类拔萃，然而真正的生活告诉我们，所谓粗茶淡饭，岁月静好，就是生活最美好的姿态。

就像埃及金字塔，虽然它的结构非常宏大，但是塔尖部分却很小。人生也是如此，在这个世界上，有太多的人都拥有才华，也有很多人生不逢时，没有好的机遇。然而，无论时代怎样变迁，处于金字塔顶端的人只是少数，大多数人都在金字塔的底部和中部。因此，作为普通人，我们完全无需抱怨，只有怀着一颗富足的心，我们才能对人生感到满足，也才能让人生有更好的发展和未来。

现实生活中，很多人都觉得人生是非常难熬的。用“熬”字来形容人生非常准确贴切，但是在真正对待人生的时候，我们却不能以“熬”字来作为人生的总结和概括，更不能将其作为对待人生的态度。尽管人生归根结底是熬过去的，但是我们却要怀着积极乐观的心境拥抱和面对生活，这样人生才会拥有更好的发展，也才会给予我们惊喜。

人们从呱呱坠地的时候开始，直到经过几十年的光阴离开世界，同样赤条条，无牵无挂。既然每一个人的生命都是向死而生，既然没有人能够逃离最终死亡的命运，那么我们对待人生就应该更加明智通达，更应该让自己的心放松，这样才能怀着博大的胸怀，勇敢地面对生活。正是在这样的过程中，我们才能不断地提升和完善自己，体会到人生更丰富的景色。记住，只有坚持不懈，人生才会变得与众不同，也只有从容淡定，人生才能岁月静好。

遗憾的是现实生活中，很多人为了满足欲望，不断地追求更多的物质和金钱，还有名利。从本质上而言，人活着只需要很少的物质就能满足基本的生存所需，所以贪婪的是人的心，而并非生活需要太多的东西。在不断满足欲望和追求奢华的过程中，很多人渐渐远离了本性，忘却了初心，导致生活变得紧张不安，惶惶不可终日。在这种情况下，我们一定要调整好自己的心态，拥有平和从容的内心，这样人生才会更理智。细心的朋友们会发现，古往今来很多人都无法享受人生的成功，就是因为他们不知道成功的意义何在。当他们不断追求物质，那么人生就会因为各种各样的事情而变得被动起来。所谓返璞归真，就是要戒除生活中的浮躁心态，从而寻找人生的本质。古人云，养心莫善于寡欲，这句话告诉我们，一个人唯有降低自身的欲望，让自己的内心保持从容淡定，坚持简单朴素的生活，才能够陶冶情操，怡情怡性，让自己变得更加愉快。尤其是现代社会物欲横流，很多人已经彻底忘记了勤俭持家的传统，也忘记了要把自己的欲望降低，而是任由欲望驱使自己在人生的道路上奔波。任何时候，我们一定要以节俭让自身的品德变得更加高尚，也要以节俭让自己回归人生的本性。

虽然没有钱是万万不能的，但金钱也不是万能的。对于人生而言，我们唯有更加积极乐观地面对生活，确立人生的正确目标，不被物质的欲望驱使，才能在人生之中有更好的发展。面对人生，每个人最高的目标都应该是让人生更从容，这样人生才会更有意义，也才能够摒弃一切的物质束缚，摆脱毫无意义的一切。尤其在面对这个世界时，我们更要放下假面，从而让自己以真诚的心面对生活，也让自己在精神上更加富足。

第3章

在孤独的时光里，努力完善自己

曾国藩说："吾平生长进，全在受挫受辱之时，打掉门牙之时多矣，无一不和血一块吞下。"任何一个人，如果经不起逆境和挫折，忍受不了孤独与寂寞，必将沉埋在毫无希望的生活里，永远没有前进的方向。凡是能够成大事者，他们必须耐得住寂寞与孤独，学会在羽翼未丰时沉淀自己，他们有追求、有抱负，他们更懂得在隐忍中积聚实力，因为他们知道，唯有不断修炼自己，才能练就他日一飞冲天的本事。

忍耐寂寞，才能爆发出惊人的力量

对于每个人而言，寂寞不仅是对内心的锤炼，更是一种严酷的考验。面对寂寞，很多内心脆弱的人总是败下阵来，从此对生活缴械投降，再也不愿意独自撑起人生的一片天。而有的人却能够更加坚强，挺直脊梁，坚韧不拔地付出，最终做出让人震惊的伟大事业。一个人如果胸无大志，看任何事情都鼠目寸光，那么他当然无法忍受寂寞。相反，一个人唯有目光长远，看任何事情都时都能站得更高更远，他们才能忍受人生寂寞的状态，从而爆发出自己所有的力量。

现实生活中，大多数能够获得成功的人都是非常寂寞的，他们忍耐着人生的孤独，从来没有放弃对人生的希望和追求。尽管没有人陪伴他们，但是他们却能够坦然面对寂寞，面对黯淡无光的夜空，面对着寂静无声的时光，他们始终坚守内心的那盏灯光，也始终坚信人生一定会掀开新的一面。寂寞对于人生是很好的历练，对于浮躁的人而言，寂寞能使他们变得深沉；对于聒噪的人而言，寂寞能使他们变得安静；对于孤独的人而言，寂寞能让他们更好地与自己心灵对话。总而言之，每个人都要走好人生之路，无论如何，只要活着，每个人就得面对命运赐予的一切。实际上，在人生的旅程中，每个人都是独行者，也许他们会在一段时间内有人陪伴，但是归根结底还是要独自行走完人生的道路。孩子年幼的时候，父母会悉心照顾孩子，也始终陪伴在孩子身边。但是父母终将会老去，即使再爱孩子的父母，也不可能陪伴孩子一生一世。在恋爱的年纪，我们也许会遇到倾心相爱的爱人，然而爱人的陪伴尽管漫长，却无法替代我们感受人生。当有了孩子之后，我们也会转换角色，成为照顾孩子的父母，但是无论我们再怎么爱孩子，等到孩子真正长大之后，翅膀硬了，他们一定会飞走，开始自己的人生。所以每个人注定是寂寞的孤独者，是人生的独行侠，每个人唯有耐得住寂寞，才能成就人生，也才能在人生中有更伟大的成就。

经历了紧张学习的高三之后，同学们一旦进入大学，就变得非常放松。他们不想再以学习为主要的任务，而是忙着谈一场轰轰烈烈的恋爱，或者是与各奔东西的高中校友书信联系，偶尔还会相互串串门来到对方就读的城市旅行。当同学们都非常浮躁地对待学习时，丝丝突然发现自己对文学爆发出深沉的热爱。几乎每个周末，当同学们结伴四处去玩耍或者是逛街买衣服的时候，丝丝会提前在周五去图书馆借几本书，从而利用周末的时间看书。她尤其喜欢看那些世界名著，因为在小说曲折的情节中，她似乎感觉到自己也随着书中的人物经历了一番人生。就这样，丝丝对待人生有了更深刻的感悟。虽然她没有足够的钱去世界各地游走，但是却随着书籍走遍了世界的每一个角落。后来，丝丝开始尝试着自己写小说，也因为出色的文采，她被选为学校文学社的副社长。

在文学的道路上，丝丝如同蜗牛一般慢慢地往前爬行。当然，她之所以速度慢，并非是因为不够努力，而是因为文学必须通过积累才能获得成长。一开始，丝丝只是随便写一些随感，甚至有些无病呻吟的味道。后来她的一篇文章得到发表，从此之后，她的文笔渐渐成熟。大学毕业的时候，同学们都各有收获，唯独丝丝的收获最让人感到震惊。原来，在悄无声息之中，她在大学四年间居然发表了几十篇文章。可想而知，这些文章会成为她毕业求职的最好介绍信。果然，当同学们都无奈地回到家乡去当老师时，丝丝捧着自己的作品，很顺利地被一家报社聘用。理所当然地，丝丝成为编辑，能够留在市区工作。当时，几乎每个同学都很羡慕丝丝。当然对于丝丝而言，这只是意味着一个开始。作为报社里最普通的一个小编辑，她是一个默默无闻的小角色。从此之后，丝丝开始了漫长的努力。她对待工作认真负责，又因为不是科班出身，所以总是向老前辈虚心请教，用心学习。常言道，十年磨一剑，在经过十年的努力之后，丝丝终于崭露头角。她犀利细腻的文笔给报社的领导留下了深刻的印象。很快领导就把重要的任务交给丝丝。

如今，丝丝已经跳槽到一家私人杂志社，成为大名鼎鼎的主编，她的人生也因此而变得截然不同。同学们在羡慕丝丝之余，也开始反省自己，当丝丝正在拼尽全力读书的时候，他们却在纵情恣意地玩耍，也难怪丝丝会有今天的收获呢！

没有人能够一蹴而就获得成功，也没有人能够不劳而获得到更多。在人生的路途中，每个人唯有耐得住寂寞，在孤独的时光里努力提升和完善自己，才能让人生有更丰富的收获。

不放弃每一个机会，坚定不移地走好人生路

人生从来不是平顺的，只有亲自经历人生，人生才能更丰富和厚重，也才能有与众不同的未来。如果人生没有经历，不曾失去，也不曾受到任何辛苦，那么人生必然是轻飘飘的，甚至会变得漫无目的。很多人都渴望自己的人生一帆风顺，也希望人生能够有美好的未来，却不知道人生之中唯有经历坎坷和辛苦，才能最终有所成就。

生活中，处处都有看不到的高墙，或者在我们面前，或者在我们脚下。有的时候，这堵墙我们哪怕推很多次，也不会轰然倒塌。也有的时候，我们一下子都不推，说不定它也会倒。所以人生是无常的，趁着墙还没倒，我们要做的是多推几下，而不是避开这堵墙。因为很多灾难不期而至，根本没有预期和征兆。反倒是我们努力去推，直面问题的所在，也许反而能够更好地应对。在这个世界上，没有任何人愿意吃苦，但是苦涩却是生命的基础味道。就像香水也有基本的味道一样，没有人的人生会始终泡在蜜罐里。人生的确进展艰难，每个人在人生之中都有烦恼，万事如意只是我们用来祝福他人的话，要想变

成现实，几乎不可能。

每个人的命运都掌握在自己手里，不管什么时候，我们都要坚定不移走好人生之路，即使遇到坎坷挫折也决不放弃，这样才能做好完全的准备，不放弃每一个机会。否则，当我们总是守株待兔，而又不知不觉地睡着了，怎么能抓住转瞬即逝的好机会呢？

大学毕业之后，小陈不甘心留在家乡，而是和同学一起结伴去南方打工。到了南方的城市里，原本刚刚走出大学校园春风得意的小陈，这才发现大城市里大学生一抓一大把，本科毕业基本没什么优势。和同学一起进入一家普通的小公司工作没多久，小陈不愿意继续过朝九晚五的生活，因而决定自己做点儿什么。他打电话回家，和爸爸妈妈借了几万块钱，和同学合伙开了一家家政服务公司。后来，他觉得家政不好干，看到隔壁做装修的人生意很好，而且工人都是现找的。为此，他灵机一动，瞄准了不需要大投入的美缝剂生意。

在找了几个工人进行简单培训后，他与隔壁的装修公司达成了合作关系，这样那家装修公司经常给他介绍一些美缝的活儿。小陈也没有当老板，而是和工人一样干活。渐渐地，他的生意越来越好，后来他还做起了很多其他关于装修的生意，五年过去，就顺利开了一家装修公司。也因为亲力亲为，他的装修质量非常好，很多老客户都愿意与他合作。

小陈之所以能够抓住时机做好生意，就是因为他总是做好准备，主动出击，而不是被动地等待人生中不期而至的机遇。

这样的主动，让小陈对于人生更好地把握，也让小陈真正成为命运的主宰。

毫无疑问，没有任何人愿意吃苦，而苦涩却是人生的基调，没有任何人能够避免吃苦。当人生中遭遇很多困境的时候，我们必须咬紧牙关坚持下去，才能突破人生的困境，实现自己的理想。

你固守于内心，谈何突破自我

很多人抱怨人生短暂，自己碌碌无为，殊不知他们之所以拥有平庸的人生，并非因为命运是不公平的，而是因为在命运的磨砺中，他们被自己的内心禁锢住，无法真正突破自我，拓展人生的格局。

每个人对于人生都有自己的理解，也有独特的憧憬和与众不同的目标。然而，真正实现人生的愿景实际上并没有一定之规，正所谓条条大路通罗马，只要能够达到罗马的道路，就是正确的道路，就是可以选择的。所以对于人生的目标，我们也不应该故步自封，更不要自我限制。正如一位伟人曾经说过的，不管是黑猫还是白猫，只要能抓住老鼠的就是好猫。同样的道理，人生的道路千万条，生活的方式也多种多样，只要能实现人生目的，就是好的方式。总而言之，人不能固守于内心，而是要想方设法突破自我，拓展人生格局，才能在人生之中有喜出望外的收获。

在七十岁那年，胡达·克鲁斯回顾人生时对很多事情都感到满意，而唯一的遗憾是没有攀登日本的富士山，从最好的角度欣赏漫山遍野的浪漫樱花。她被这样的遗憾折磨着，不管如何说服自己，都无法忽略这个遗憾。后来，她索性鼓励自己：我既然已经老了，就不应该让人生留下遗憾，也许在未来，我真的能够亲自登上富士山呢！这样想着，胡达·克鲁斯开始学习登山，当人们看到她在古稀之年学习登山技术时，都感到不可思议，还有人认为老人根本不可能真正实现心愿。然而，胡达·克鲁斯不管任何人的态度，别人是反对还是支持，她都一如往常，继续以顽强的毅力进行艰苦卓绝的登山训练。

在长期的训练之后，胡达·克鲁斯的体能的确有所增强，为此她一次又一次向富士山发起冲锋，遗憾的是都以各种各样的原因导致失败。然而，她毫不气馁，继续再接再厉。最终，在九十五岁高龄那年，她成功登上了富士山，成为世界上攀登富士山的人中最高寿的一位。当成功登顶的那一刻，她怀着激动的心情告诉富士山："我来了！"

仅仅是想一想，人们都会觉得以七十岁高龄再来学习登山技术，简直不可思议。然而，胡达·克鲁斯不但真正去学，还在九十五岁高龄的时候，攀登上日思夜想的富士山顶峰。不得不说，胡达·克鲁斯创造了生命的奇迹，也让人们更加相信坚持的力量。

如果在遭到嘲笑之后就放弃，或者在尚未开始的时候就保持理性，认为凭着自己的高龄一定无法攀登到顶峰，那么胡达·克鲁斯就不可能创造奇迹，更不可能实现人生中唯一的遗憾。可以说，她的成功是因为她没有限制自己，也没有被年龄吓倒。因而才能在人生暮年，全力以赴去做好自己想做的事情，也才能打破自我局限，让人生真正地腾飞。

很多人都觉得人生太平淡无奇，这不是因为命运的偏爱或者薄待，而是因为每个人对生命的态度截然不同。有的人遇到小小的挫折就退缩甚至放弃，自然一事无成；而大多能够在人生中有所成就的人，都是可以把失败踩在脚下当成阶梯，拾级而上的人。人固然不能狂妄自大，但是也不能自轻自贱，而要在客观认知自己的基础上，努力突破自我，激发自身潜能，才能给自己惊喜，激励自己创造生命的奇迹。

经营你的天赋，让你的人生大放异彩

人人都有天赋，但是未必人人都能认识到自己的天赋是什么。这是因为每个孩子在小时候对于自己的认知，总是受到他人的影响，尤其是父母的评价，更是决定了孩子如何定义自己。而等到长大成人，又为了维持生计而四处奔波，导致无暇顾及自己感兴趣的或者擅长的事情，如此不知不觉中就埋没了天赋，人生也变得平庸。

没有人愿意自己的人生平淡无奇，既然如此，就应该发展天赋，才能让人生变得与众不同。必要的时候，作为父母要有意识发现和挖掘孩子的天赋。例如，在给孩子报名参加兴趣班时，年幼的孩子根本不知道自己真正喜欢或者擅长什么，父母就要在尝试的过程中认真观察孩子。再如，长大成人之后，每个人也要多问问自己的内心喜欢什么，观察自己在生活和工作中表现出来擅长什么，从而让人生的发展事半功倍。

台湾大名鼎鼎的漫画家朱德庸有很多经典的作品，不但在台湾地区富有影响力，而且在大陆地区也得到了广大读者的欢迎和喜爱。然而，朱德庸并非从小就擅长画画的，相反，他的学习成绩很差，是不折不扣的差等生，甚至连最普通的学校都不愿意接受他。还有些老师公开指责朱德庸简直太笨了，这直接导致朱德庸在很长一段时间内都自认为是笨蛋。直到十几年后，朱德庸才明白自己不是笨蛋，而只是因为有学习障碍，所以才在学习方面表现出极大的劣势而已。不过，朱德庸也发现了自身的一个特点，那就是很喜欢图形，不但对图形拥有鉴赏力，而且也乐于拿起画笔创作。很快，朱德庸就把生活的重心调整到绘画中，他从外界受到伤害的心，一旦回到绘画的世界，马上就会变得简单快乐、非常纯净。

因为朱德庸在学习方面奇差无比的表现，父母也受到牵连，经常会被老师叫到学校，接受批评。尽管如此，父母依然无条件支持朱德庸画画，爸爸还亲自裁剪白纸，为朱德庸订制绘画本。直到若干年后在漫画方面做出伟大的成就，朱德庸才真正释然。一旦提起天赋，他总是感慨万千：“不管是人还是动物，都有自己的天赋。老虎有锋利的牙齿，兔子身形敏捷，狡兔三窟，因而能在残酷的自然环境中生存下来。人也是如此，唯有发现自己的天赋，顺应自己的天性去发展，才能真正得到快乐。否则，违背天性的选择，只会让人生充满痛苦。”

人人都有天赋，遗憾的是，现实生活中，真正能够发现自身的天赋，并且把天赋发挥得淋漓尽致的人，少之又少。面对平庸的人，千万不要随意抱怨人生平淡无奇，而要更加积极主动调整好心态，发掘自身的天赋，激发自身的潜能，让人生绽放异彩。

还有些孩子从小受到父母严格的管教，原本表现出一定的天赋，最终却因为习惯而渐渐地掩盖天赋，变得平庸。由此可见，教育如果不当，不但不能成就孩子的发展，反而会导致孩子的天赋被埋没，也使得孩子遭遇困厄。曾经有位名人说，和教育相比，天性对于人生具有更大的影响力。从这句话不难看出，天性对人的确是至关重要的。一个人要想拥有与众不同的人生，则一定不要忽略天赋，唯有把天赋深入挖掘出来，再加以大力发展，才能让天赋成为人生的助力，给人生加分。

有才华，也不应该恃才傲物

生活中，总有些人觉得很自卑，他们常常否定自己，觉得自己一无是处，也因此陷入人生的怪圈，无法突破内心的囚牢，导致自己默默无闻。有些人则与他们恰恰相反，这些人自我感觉良好，认为自己才华横溢，而且志得意满，所以在生活和工作中总是表现出一副盛气凌人的样子，也常常自以为是，觉得自己是有资格骄傲的。殊不知，言多必失，祸从口出，当一个人既管不住自己的嘴巴，还拥有一颗骄傲狂妄的心时，可想而知他们必然会不断闯祸，也导致自己前途堪忧。

一个人要有多少才华，才能支撑起自己的骄傲？显然，对于这个问题根本没有完美的答案。细心的人会发现，越是才疏学浅的人，越是自我感觉良好。而越是学识渊博的人，越是能够认识到自己的不足，也能够始终怀着空杯心态，激励自己坚持学习，保持进步。也因为谦虚低调，他们在与人相处时能给他人良好的感受和体验，所以人际关系也处理得很好，拥有好人缘。由此可见，理智认识自己，给自己准确的定位，这些都是非常重要的，也能够让人在人际关系中拥有良性的发展。

西晋时期，王戎是竹林七贤之一，他的弟弟王衍是当时大名鼎鼎的领袖人物。王衍出身名门，而且还在朝廷中担任重要的职务，所以名气很大，也广受人们的褒赞。在得到很多名仕的赞美之后，王衍渐渐觉得骄傲起来，变得恃才傲物。

有一次，王衍去拜访权贵，因为神情明秀，举止不俗，被权贵相中，想要把女儿嫁给王衍。不想，王衍对此深以为耻，因而假装张狂和桀骜不驯，最终拒绝了这门亲事。后来，王衍迎娶了贾后的亲戚郭氏，郭氏非常贪婪，又仗着有贾后撑腰，因而聚财无度。为了避免在郭氏面前失去尊严，王衍从来不在郭氏面前提起钱财。王衍自命清高，不同流俗，尽管后来身居高位，却因为流于清谈，而无实干精神，最终畏畏缩缩度过一生，也因此被后世的王羲之、陶弘景等人批评为“清谈误国”。

一个人即使再有才华，也不应该恃才傲物，更不应该有才华就脱离实际生活，一味地放纵自己活在虚无缥缈的言论中。百川归海，是因为海地处低处，也是因为百川里的水甘于流动到河的下游。这是亘古不变的真理，做人也应该如同河流一样，怀着谦逊的心态，心甘情愿容纳入海，从而让心胸更加宽广，令人肃然起敬。

任何人都有才华，也有自身的优点和长处。然而只看到自己的优势是远远不够的，更重要的在于还要看到自己的劣势和不足，这样才能保持谦逊的姿态，也才能理智客观认识自己。古代社会，很多官员都是因为恃才傲物、盛气凌人，而不小心得罪了小人，招致他人的报复，导致失去先机。对于每个人而言，应该把客观认知和评价自我作为最大的优点，因为唯有保持理智清醒的自我认识态度，时时自省，才能更好地实现自己的人生理想，也才能让人生拥有美好的发展和未来。

第 4 章

你需要全力以赴，才能够对抗人生的残酷

哲人说，自信、执着，是一张人生之旅的永远坐票。那些不愿意主动寻找座位，最终只能在上车时的落脚之处一直站到下车的人，他们其实就是在生活中做不到全力以赴，他们永远滞留在没有成功的起点。事实上，人生是残酷的，我们也无法预知明天如何，但我们只有做到全力以赴，才会超越自我，自信满满地迎接明天的风雨。

无论命运如何捉弄你，你都要咬牙前行

如果说命运一定会青睐谁，那么它青睐的就是那些能够咬紧牙根，对抗人生挫折的人。所以，要想拥有好运气，要想在人生之中迎来山穷水尽疑无路，柳暗花明又一村的人生境遇，最重要的不是抱怨命运，而是咬紧牙根熬过命运的残酷捉弄，从而使自己进入人生的崭新境遇。

年轻的时候，你一定对于命运有着不切实际的幻想，总觉得自己只要肯努力，日子就总不至于太难过。然而，当你有朝一日终于见识到命运的残酷，才开始督促自己学会接受命运无情的捉弄，也咬紧牙关熬过命运的艰难坎坷。这个时候你才恍然大悟，这个世界从来不是唯心主义的，而是以唯物主义的姿态呈现在每个人面前，所以你尽管可以努力，却不要奢求一定能得到回报。也只有从心底降低对于生活的要求，你才能获得生活赐予你的惊喜。

一年有四季，一天有太阳升起和太阳落山的时候，如此短暂的时间里，就要在光明和黑暗中轮回，就要在温暖和寒冷中穿行，我们又凭什么要求人生始终都顺遂如意、温暖如春呢？有人说人生是一场未知的旅程，也有人说人生就是在漫无边际的大海上航行。其实，不管是旅程的风景，还是海上的天气，

都是充满未知的。所以当你看到自己不喜欢的风景，或者遭遇狂风暴雨的时候，要放下心来，努力认真地去做到最好。不抱怨，否则会被抱怨扰乱了心绪，导致在成长之中面对诸多的困境。只有这样砥砺前行，才能在人生的路途中活得更加美好。

任何时候，都不要抱怨命运的反复无常，因为一个人心里有什么，就会看到什么。一个人有多么相信自己，就会爆发出多么强烈的力量。所谓人生无常，只是因为心中失去了方向，对于一个内心笃定，总是能够从容面对人生的人而言，命运从不无常，更不会反复。最重要的在于我们要不忘初心，始终牢记着命运的方向，才能坚持与命运的抗争。

很久以前，有两个大学毕业刚刚参加工作的年轻人，都因为是职场新人而遭到老职员的欺负，也因此而内心郁郁寡欢。有一天，他们结伴去深山的寺庙中求助于得道的高僧，也把自己的苦恼全都倾吐给高僧。高僧漫不经心地说："不过就是一碗饭。"高僧说完这句话，就再也不看年轻人，而是开始闭幕诵经。

一个年轻人领悟了高僧的话，回到城市之后辞掉工作，完全放下城市的繁华与热闹，回到农村的家乡开始布衣农耕，自给自足，回到了农耕时代的生活。而另外一个年轻人也幡然悔悟，意识到：就是挣一碗饭吃，没有必要那么较真，还是先提升自己更为重要。为此，他潜心工作，一直非常勤奋和努力。十年后，他凭着在工作上出色的表现和数十年如一日的勤奋与刻苦，得到上司的赏识，得以提升，如今事业上风生水起，还在大城市里安家落户。

对于高僧的同一句话，两个年轻人有了不同的顿悟。我们不能说谁的选择更加明智，只能说如果他们都因为高僧的点化得到了自己想要的生活，那么他们就获得了自己梦寐以求中的人生和成功。但是，显而易见，后一个年轻人因为咬紧牙关坚持下去，得到了丰厚的回报。

每个人在人生之中都有自己的烦恼，不工作的全职家庭主妇觉得无法实现人生的价值，工作的职场女性又因为要兼顾家庭而劳累不堪；教师羡慕医生的职业救死扶伤，医生羡慕教师的职业可以和可爱的孩子们打交道，所以不要再对现状不满，或者活好当下的每一天，或者努力地打破自己的现状，给自己全新的机会去面对一切，这都是很好的选择和安排。记住，人生从来没有回头路可走，不管对于此时此刻是否满意，我们都要全力以赴做好该做的事情，也要牢记凤凰涅槃，才能浴火重生。任何时候，你的命运都掌握在自己的手中，这样有把握的感觉非常美妙，不可言喻。

人需要冒险的精神，才能迎难而上

西方国家在最早进行资本积累的阶段，有很多胆大的人积累了大量的资本，也才能够为人生获取更多珍贵的资源，奠定成功的基础。而那些胆小的人，则错过了成功的机会，再想奋起直追就难上加难，也会因此使自己陷入被动的状态。

很多人抱怨自己没有显赫的家世和强大的背景，其实对于大多数普通人而言，要想在人生中占据主动，获得先机，就一定要努力积累。所谓量变引起质变，正意味着当积累达到一定的量，就能得到意想不到的收获和结果。所以我们一定不要犯眼高手低的毛病，而是要更加努力地战胜自己，缔造属于自己的辉煌。

在塞伦盖蒂草原上，每当炎热的夏季到来，因为草原变得干旱，原本丰茂的水草变得干枯，所以无数只角马不得不进行迁徙，他们的目的地就是水草丰美的马赛马拉湿地。这样的迁徙，尽管目的地值得期待和憧憬，但是却是一场艰难的跋涉，因为角马们在整个旅途中，唯一经过的水源地就是格鲁美地河。看到这里，一定会有很多朋友想：那就赶快奔跑，到达格鲁美地河吧，至少可以喝到甘甜的河水，继续生存下去。然而，格鲁美地河尽管是水源地，对于角马而言意味着生机，却也是很多动物都聚集的地方，尤其是有很多凶残的大型食肉动物会在此出没捕捉猎物，所以对于角马而言，格鲁美地河同时意味着危机。在这里，角马很有可能被狮子、猎豹等捕食。而在渡河的时候，如果在水流相对缓慢的地方，水中还有可能潜伏着残暴的鳄鱼。所以，格鲁美地河既是生的希望，也是死亡之地。

每当快要到达格鲁美地河的时候，有很多角马即使非常干渴，也总是徘徊在靠近河流的地方不敢继续前进。最终，它们甚至会被渴死。而有些角马恰恰相反，他们有着理性和智慧，知道与其被渴死，还不如冒着风险去喝水，这样才能继续活下去，也才能获得更大的生机。为此，他们怀着必死的信念来到河边喝水，最终获得成功，也可以继续迁徙，到达理想的生存地。

人生之中，也常常有危机四伏的情况发生，是为了避免失败而无所作为，彻底失去成功的机会，还是为了哪怕是万分之一的可能而去赌一把，拼搏一把，这样很有可能就会获得成功，也成就自我呢？每个人思考问题的角度不同，对于人生的侧重点也截然不同，所以他们做出的选择是不同的。任何时候，都不要盲目地退缩和放弃，因为人总是需要冒险精神，迎难而上，也才能在推进事情不断发展的过程中，让自己获得更加丰厚的成果。

失败者各有各的原因，成功者却一定有着共同点。对于很多成功者而言，他们最大的共同之处就在于，他们可以勇往直前地进取，心甘情愿冒更大的风险，从而博取梦寐以求的成功。成功从来不会青睐胆小者，每个人要想获得成功，都必须不忘初心、勇敢无畏，才能在面对人生的坎坷和挫折时越挫越勇，迎难而上。炒股的人都知道，风险和收益总是成正比的。那么，为了博取人生的成功，我们就要理性地思考和衡量，从而确定哪些风险是值得去冒的。

强大自己，才有与命运搏斗的资本

在命运的捉弄和调侃面前，没有人愿意妥协，而更想以强者的姿态与命运叫板。但是，命运具有强大的力量，很多普通的人根本没有能力与命运抗衡，为此不得不常常向命运低头，在一生的时间里随波逐流。然而，这只是弱者的姿态，作为真正的人生强者，无论如何也要与命运博弈，而不愿意在与命运争斗的过程中迷失自我，要想做到这一点，一切的揣测和预估对于人生都没有切实的作用和意义，我们最该做的就是让自己变得更加强大起来，这样才能有昂首挺胸屹立于命运之前，拥有与命运进行博弈的资格和资本。

常言道，天外有天，人外有人。在这个世界上，没有最优秀的人，只有更优秀的人。为此，我们一定要戒骄戒躁，不要觉得自己就是最强大的人，也不要觉得自己多么优秀和出类拔萃。我们固然可以认可和赏识自己，但是却不要盲目自大，更不要在成长的过程中迷失自我。在生命的历程中，你曾经有过走投无路的感觉吗？你是如何度过这样的绝境的？现在回想曾经遭遇的绝境，你又有怎样的感触呢？归根结底，我们只能坚强，不管面对人生怎样的境遇，我们都要勇敢无畏地努力向前，都要咬紧牙关熬过去，才能在漫长的生命历程中全力以赴，经营好人生，更加无所畏惧，超越自我和成就人生。

每个人最应该坚持的人生姿态，就是不向命运低头和妥协。当然，人生是一个线性的过程，一个人即使当下还算拼搏和努力，但是并不意味着他就可以一劳永逸。在生命的历程中，真正一劳永逸的事情是根本不存在的。举个简单的例子来说，高中三年，我们一定要全力以赴地学习，争取考上好大学，而在进入大学之后，如果我们就此放飞自己，肆意玩乐，那么大学毕业之后一定会很难找到工作。真正明智的人，即使高中三年很努力，进入大学也不会懈怠，即使大学成绩很出类拔萃，在走上工作岗位之后也还会非常努力地学习，因为他们很清楚，努力是要持续进行才有收获的，否则如果总是三天打鱼两天晒网，则努力就不会得到收获，人生也就不会有美好的未来。

很多人都喜欢以地域来对人群进行区分，例如大多数人都觉得河南人很刁钻，东北人很蛮横，温州人很精明……这样的标签，给不同地域的人贴上了不同的色彩，但是这样的标签与其说能代表每个人的特点，不如说只是对于一个大概的区域进行了粗浅的了解。现实却是，东北人也有很温柔的，河南人也有勤劳朴实的，温州人未必个个都会做生意。不管是什么地方的人，都不会具备相同的特点，为此我们哪怕因为各种原因被人贴上标签，或者受到命运的打击，也绝对不能屈服，而是要更加理性从容地做好自己。你要相信，在这个世界上能够代表你的，只有你自己，能够真正评价和断言你的，也只有你自己。我们是自己的上帝，我们是自己的神，我们要为自己的人生负责，我们要真正主宰自己的命运，缔造不一样的人生蓝图。如果不想听天由命，如果不想在生命历程中迷失，我们就要竭尽全力做好自己，也要拼尽所能成就自己。

人们常说人生是反复无常的，命运则像是一个顽皮捣蛋的孩子，常常和我们开残酷的玩笑。为此，很多人因为不知道如何应对人生而懊恼，甚至对于人生中的很多情况都感到迷惘、无从应对。人生瞬息万变，而且那些变化都是我们未知的，要想提前预知做好准备简直不可能，既然如此，我们就要不断地努力提高自己，这样一来，我们才会变得更强大，也才能对反复无常的人生兵来将挡、水来土掩，从容应对。这就像是在武术的世界里，真正的绝世武功高手并不会那些花里花哨的花拳绣腿，而是会一个很拙朴的招式，看似有形，实际上却能制敌于无形。

在漫长的生命历程中，我们真的会遇到各种各样的挑战，也会因此而让人生变得起起伏伏，波澜不平。然而，对于这些坎坷和磨难，如果我们轻易放弃，那么我们就会败给命运，未来要想在命运的颠簸中继续努力前行，几乎不可能。而如果我们能够始终坚定勇敢，努力向前，绝不向着命运低头，想方设法打败命运，那么渐渐地，我们就会在命运的历程中有更多的收获，赢得幸福美满的人生，这才是最重要的。归根结底，人生没有回头路可以走，面对着只有一次机会的人生，我们一定要打起精神，满怀希望去面对。至少，等到人生暮年的时候，我们不会因为曾经的怯懦而后悔，也不会因为人生的迷失而沮丧。

主动寻求突破，才能让人生更从容

现实生活中，很多人的人生都是凑合出来的，他们对于每天的衣食住行凑合，对于生命的选择稀里糊涂，对于爱情也可以委曲求全。到底他们的人生是用心过出来的，还是随随便便胡乱凑合出来的呢？当然是后者。这样的人生只是听一听就让人想起那句话，“如同鸡肋，食之无味，弃之可惜”。把好好的人生变成这样，不得不说是让人悲哀的。

在前几年热播的电视剧《何以笙箫默》中，男主角的一句话瞬间戳中追剧人的心：“如果世界上曾经有那个人出现过，其他人都会变成将就，我不愿意将就。”虽然这句话中没有任何与爱有关的字，但是平实的语言却给人带来透彻心灵的温暖。的确，面对无奈的人生，面对残酷的现实，面对故意捉弄我们的命运，我们还能怎么办呢？如果不能奋起抗争，不能果断坚持，那么就只能凑合。一次又一次的凑合，让生命在不断地流逝中渐渐褪色，一次又一次地将就，看似对眼下的人生没有太大的影响，实际上却因为积累而深深地中伤了人生。

人生从来不是用来装的，每个人都应该更在乎内心的感受，而不要总是把所谓的形式放在第一位。人生也从来不是用来凑合的，凑合的选择不是对人生宽容，而是对自己懒惰的宽容。唯有努力认真生活的人，才能得到生命的馈赠，才能在生命之中有更好的表现和更大的发展。反之，凑合的人生必然越来越平庸。这就像是学生们在考试之前给自己制定目标，那些奔着一百分去的学生，至少也能考个九十多分，而那些只想及格的同学，则总是每一科都很差。

对于学习，我们不能将就，因为现行的高考政策仍然是寒门学子最主要的改变命运的方式，因而我们必须以成绩为自己代言，以努力为自己加分；对于工作，我们不能将就，因为一点一滴的付出，都会给予人生不一样的收获，所以将就固然能一时欺骗别人，却不能长久地欺骗自己；对于爱情，我们不能将就，就像何以琛说的，也许原本是可以将就的，因为根本就不知道爱情应该呈现的样子，但是在遇到对的人之后就不能将就了，因为一切的将就既是对自己不负责，也是对他人不负责。既然人生之中事事都不能将就，时时都不能将就，我们又该怎么做呢？

不管你对人生的标准和要求是什么，你都必须做好一件事情才能应付复杂的情况，那就是不断地突破自我，超越自己，从而真正提升和完善自我。人生是瞬息万变的，我们周围的人和事情也在不断地改变，与其被动地变，不如以不变应万变，这样才能让人生从容，也才能给予人生别样的发展和未来。然而，现实生活中，很多人都想不明白这个道理，他们不懂得唯有提升自我才是从根本上解决问题的办法，而是盲目跟着形势去改变，最终使自己混乱不堪，不知所措，也让自己焦头烂额，对人生失望至极。人生是没有错的，唯一不对的是我们面对人生的方式。朋友们，面对人生，一定要坚定不移，要理智从容，这样才能享受人生。

跨过一道道关卡，你离梦想就更近一步

有人说人生是漫长的，有人说人生是短暂的，就像盲人摸

象时，有的盲人说大象是扁扁的圆形，有人说大象是圆柱体，还有人说大象细长细长的，像一根绳子。片面地说人生漫长或者短暂的人，显然犯了和盲人摸象一样的错误，即对于人生缺乏全面的认知，就片面地对人生下结论了。

真相是，人生有的时候很漫长，长得熬不到头，有的时候却很短暂，短暂得如同白驹过隙，转瞬即逝。梦想的道路也和人生的道路一样，对于那些轻松就能实现梦想的人来说，人生得意，当然感觉人生短暂。而对于那些在实现梦想过程中饱经磨难的人而言，艰难的日子似乎一眼看不到头，因而也就觉得梦想之路过于漫长了。这其实是相对论，因为背景不同，所以人的感受也有所不同。因为背景与环境不同，而导致对时间的感受也截然不同。当你正在看自己喜欢的影视剧，哪怕时间已经过去三个小时，你也觉得时间很短；而假如你正在参加一场艰难的考试，或者等待手术室里的亲人尽早出来，那么你一定会觉得度秒如年，觉得每一分每一秒都很艰难。所以说，通往梦想的道路是远还是近，很多时候取决于我们对于梦想的感受。然而，实现梦想是很难的挑战，对于远大的梦想而言，想要实现就显得难上加难。在这种情况下，一定不要过分焦虑或者着急，因为一味地沉浸在梦想中无法自拔，反而会使推进梦想的行动变得缓慢。最好的做法是划分梦想为一个个小目标，将其视为通往梦想道路上的一个个小关卡，这样一关一关走下去，我们不知不觉就接近了梦想，也因为在不断实现小目标的过程中获得了成就感，找回了自信，所以对于实现梦想也会更加乐观。

命运从来不会偏袒任何人，梦想也从来不会主动实现。如果你被动地等待着梦想向你飞过来，那么你的希望就只能落空了。你可以主动靠近梦想，迎接梦想的到来，真诚地敞开怀抱，拥抱梦想。即使实现梦想任重而道远，即使你需要在通往梦想的道路上披荆斩棘，你也会非常自信，更会坚定从容。

巴斯德的父亲曾经是一名士兵，就在拿破仑的军营中服役。因而巴斯德的家庭并不是普通的家庭，而是士兵之家，在当时的社会上是拥有较高地位的。然而，巴斯德不想像父亲一样从军，而是想要为这个充满阳刚之气的士兵之家增加一些书香气，所以他最大的理想是成为读书人。但是，巴斯德从小看着父亲舞枪弄棒，而且因为他的父亲身边也都是军人，所以他根本不知道如何才能成为读书人，学到知识。巴斯德实在太想有学问了，因而有一天他问叔叔："叔叔，我怎样才能成为有学问的人呢？"叔叔调侃巴斯德："你要是成为博士，当然就会才高八斗了。"小小年纪的巴斯德当然不知道博士是什么，因为他的身边，包括他们整个家庭的身边，根本没有人靠着学问吃饭。但是巴斯德隐隐约约意识到叔叔所说的话很有道理，因而他从此之后认真勤奋地学习。在二十五岁那年，他如愿以偿获得了物理学博士学位。当时，正值社会动荡，巴斯德不知道自己能做什么，也不知道自己擅长研究哪个领域，所以他在很长时间内都没有找到正式的研究课题。在别人的调侃下，他居然不自量力开始研究玄而又玄的生命奥秘。要知道，生命奥秘是当时最前沿的课题，只有那些大名鼎鼎的专家学者才能有所涉猎。随着研究工作不断深人，巴斯德最终推翻了很多专家的观点，证实了生命并不能凭空产生，而是那些微生物在发挥作用。这使得巴斯德遭到很多人的反对，但是他始终坚持自己的观点，从而放弃过。

在被他人不断质疑的过程中，巴斯德对很多疑难杂症展开研究，不但找到了病毒，而且还提出了预防和治疗的方法。最终，巴斯德凭着锲而不舍的精神攻克一个又一个难题，成为了举世闻名的伟大科学家，也为全人类科学事业的发展做出了卓越的贡献。

实际上，巴斯德并没有和很多成功人士一样先给自己树立伟大的梦想和远大的目标，相反，他只是这样一步一步向着理想的方向走去，先是通过刻苦学习成为博士，后来又脚踏实地探索科学真相，逐个消除人们对他的质疑，最终就真的成为了不起的科学家。

世界上从未有一蹴而就的成功，在实现梦想的道路上，更是每个人一步一步坚持向前，才能到达人生的目的地。很多情况下，我们会因为生命的磨难而感到沮丧，却不知这些磨难正是生命不可缺少的养料，能够为我们提供更多的成长和发展空间，也能帮助生命创造奇迹。如果以运动来比喻通往梦想的道路，则一定是百米跨栏。需要不断地跨越那些栏杆，才能到达终点。在人生的旅途中，每个人都是向死而生，都以生作为生命的起点，而以死作为生命的终结，在此期间，还可以自己为自己设立目标和方向，从而才能不断地自我接纳、自我成就、自我突破和自我超越。

第 5 章

人生不会一帆风顺，努力才能改变现状

人生路上，谁都希望顺风顺水、波澜不惊，但这只是我们的美好愿望，事实上，谁也不会一直走直线的人生，在人生路上，我们遇到的更多是残酷的现实，是折磨、逆境乃至绝境，但我们应该明白不管遇到多大的问题，我们依旧要学会微笑，并用努力获取改变现状的机会，要不我们还能怎样？是堕落还是绝望？这些都没有什么意义，只要你努力向前，不断改变自己，你才能有希望让自己的人生更精彩。

泰然处之，走弯路是人生常态

大文豪鲁迅先生曾经说过：这世上本没有路，走的人多了，也就有了路。纵观人的一生，会遇到很多人，遇到很多事，走过很多路。即便土豪如和珅，聪慧如司马光，智谋如诸葛亮，我想，他们都不敢说自己从未走过弯路。走弯路是人生常态，我们没有必要悲观失望、长吁短叹、停滞不前，而应泰然处之，最终必能柳暗花明！

著名佛学院的一位禅师曾经跟弟子们探讨过一个问题。

他拿来一张地图，打开并询问众人："你们看这地图上的河流都看到了什么？"弟子们观后回答："河流有大小之分，却都是弯的。"禅师又问："为什么河流都是弯的呢？"弟子们七嘴八舌，有的说在有限的空间里，弯弯曲曲的路线可以保证河流拥有最大的容量与流量，这样当雨量增多时，河流就不会水满为患导致决堤；又有的说弯曲的河流比直线河流更长，流程更长的河流单位河段的流量会小，这样对河床的冲击力就会更小，可以对河床形成一定的保护，利于河流更长久地发展壮大。"你们说的都有道理"，禅师说，"但你们并未说到本质，究其根本，走弯路是自然形成的常态，因为河流在前进的过程中会遇到各种阻碍，无法逾越之时只能绕道而行，不断向前，最后才能到达大海，以保川流不息，而直路的最后结果只能是一潭死水！”弟子们心有所悟：人生路上遇到的坎坷正如河流行进途中遇到的诸多障碍，直闯不过，不如换个方法，甘于走些弯路，另辟蹊径，最终总能到达梦想的海洋。禅师又问：“河流的生命是无限的，有足够长的时间与空间去肆意成长。而人类的生命却是有限的，在有限的生命里，如果遇到一点挫折就绕路，纵然长命百岁，最终到达彼岸，等到英雄迟暮，回顾一生的时候，会否唏嘘？”弟子们全都陷入沉思。

两点之间，直线最短。这是很多人都知道的道理，也正因此，人的本能总是走直线。但直线并不等于捷径，弯路并不等于歧路。成功路上，或许由于寂寞，或许由于孤独，总是会有很多看似美好的捷径与直路，当你经受不住诱惑，欣然往之，最终才会发现不过海市蜃楼，水中捞月！在很多时候，我们总会认为自己走的是直线而不顾一切奋勇向前。殊不知，你眼中的直线或许正是“过来人”的弯路，而路到底是直是弯，标准却因人而异。犹如登山，有人喜欢笔直的阶梯拾级而上，有人却喜欢林间的小道，一路的风景又何尝不是另一种收获。因而，走的是直路弯路并不要紧，要紧的是走路时的心态。

世界上没有绝对一成不变的事物，即使是真理，唯物主义哲学思想也告诉我们：真理是辩证的，具有阶段性。十六世纪的科学家曾经认为“地心说”是绝对的真理，因为以当时的客观条件，科学观测只能给出这样的结果，而随着时代的变迁，科学的进步，我们可以观测到更远的太空。“地心说”早已不再是真理，即便目前科学普遍认为的“日心说”也有待进一步论证，因为人类已经发现了更加遥远的银河与星系。这一切都使我们可以知道得更多，看得更远，这正是因为我们站在了巨人的肩膀上。我们感念先人，正是他们的积极探索，才为我们积累了宝贵的理论基础，也正是无数先人穷尽一生的直路研究，才形成了如今弯曲的历史长河！

人生走弯路是常态，因为我们没有时光机器，无法穿越到未来去一探究竟。没有人可以说清楚自己当下走的路到底是直是弯，也正如没有人可以保证自己的第一步永远都是正确的。苹果的创始人乔布斯在一次演讲中曾经提到过他大学退学之后去学习美术字的一段经历。他想要学习美术字，并没有想过日后可以做什么，而只是凭借兴趣想要去做这件事情。如果以当时他退学创办苹果的事例来说，人们都会认为他走了一条完全不搭边的弯路，但是现在看来，如果当时乔布斯没有学习美术字，苹果笔记本就不会有这么漂亮的艺术字体。人生机缘就是如此巧合，因为你永远都不会知道自己当下的每一步对未来会有怎样的影响，我们所能做的也就只有珍惜当下，把握好脚下的每一步。记住，生活就是一个不断学习的过程，自身的经历才是累积到的最大财富。

人生走弯路并不可怕，可怕的是没有重头再来的勇气和再来一次的坚持。很多时候，当你身处其中，着眼于前，你看到的都是美好的直路，所谓的当局者迷便是这个道理。这个时候我们便需要跳出当前的思维，抽身其中，学会做一个旁观者才能看得更加清楚。

人生中，走的是弯路还是直路并不重要，更重要的始终都是人的信念！河流或许由于冲动，或许由于别无选择，遇到断路竟直闯而去，看似死路一条，实则跌落百米之下，形成绝美瀑布。人生亦是如此，眼前的绝境看似山穷水尽，但其实只要抱有坚定的信仰，朝着目标不断前进，便会产生无穷的力量，奋勇直前，柳暗花明，直到取得内心的成功与安定！

理智面对人生的不公平，努力提升自己

现实生活中，总有人抱怨人生不公平。没错，我们不应该以人生是公平的来欺骗自己和他人，而要坦然承认人生的确是不公平的。但面对不公平的人生，我们与其怨声载道，意志消沉，不如勇敢地面对人生，接受不公平的现状。很多不公平的人生就像是被敌人的包围圈团团包围，而作为被围困起来的困兽，我们是束手就范，还是努力从包围圈中打破缺口，从而取得突围呢。当你把不公平甩在身后，不公平就无法伤害到你，当你把不公平踩在脚下，你的实力就会让不公平消失于无形。所以面对人生的不公平，最重要的不是抱怨，而是要提升和完善自己，用自己的坚强和努力突破困境。

世界何曾是公平的呢，世界原本就不是根据公平的原则建造的。就像在大自然之中也有生物链存在，弱肉强食是自然中

唯一的生存手册。人们常说大鱼吃小鱼，小鱼吃虾米，虾米吃烂泥。在人类的丛林中，如果我们想要得到公平，想让自己拥有更多的权利和选择的空间，就要站在食物链的顶端。就像在自然界中，人作为万物的灵长可以吃很多动物，人可以吃鱼，可以吃家畜，也可以吃天上的飞鸟。这都是由人的地位决定的，而在整个人类的社会中，如果我们想要高高在上，想让自己说出的话更有分量，那我们也要提升自己，这样才能帮自己获得相应的地位和权力。

不公平从每个生命呱呱坠地开始就已经注定了，那些富二代官二代从一出生就含着金汤勺，他们从出生就拥有的一切，甚至是很多平凡人家的孩子穷其一生也无法达到的高度。难道我们作为普通人家的孩子就要因此而放弃努力吗？其实我们没有必要把自己和他人去比，既然我们没有好运气从出生就含着金汤匙，那我们就应该更加坚持努力，这样才能改变自己的命运，突破自身的困境。

对于生活在和平年代的人而言，如果觉得不公平，不妨想一想那些正在饱受战火的非洲难民是如何艰难生活的。在网络上，经常会有非洲的孩子趴在地上喝水的情形出现，他们甚至连水都喝不上，我们还有什么资格抱怨不公平。记得曾经有个人在生意失败之后失魂落魄，想要结束自己的生命，在看到一个没有脚的乞丐趴在地上乞讨之后，他不由得豁然开朗：即便如此，我也比那个乞丐拥有更多，至少我有健全的身体，和他相比，我有什么权利去抱怨呢？

每个人要做的就是接受这个不公平的世界，与其整天抱怨，让自己心情灰暗，不如从对不公平的怨恨中走出来，坦然接受和面对不公平。既然人生不公平，就应该鼓起勇气去战胜环境，去接受不公平，也竭尽全力提升和改变自己，让自己站得更高，得到更多的选择空间。

从小，琳琳就知道人生从来不是公平的。当其他女孩儿都依偎在妈妈的怀中撒娇的时候，她不得不忍受失去妈妈的痛苦。妈妈去世之后，爸爸也外出打工好几年都不回来一趟，琳琳就只能跟随爷爷奶奶一起生活。然而命运并没有因此就善待她，一场突如其来的疾病使得她失去听力，从此生活在无声世界。此后，爷爷奶奶又相继生病。面对着突然塌了的天，琳琳不能哭泣，只有十岁的她不得不辍学在家照顾爷爷奶奶，每天清晨早早地起床喂猪、做早饭。然后，她还要赶着去地里干农活。尽管生活如此艰难，琳琳从来没有放弃努力。她还记得自己上过几年小学认识几个字，为此她找来同龄人不用的课本，开始艰难地自学。

等到同龄的孩子都去上大学之后，爷爷奶奶的身体状况也有所好转，琳琳意识到自己不能永远这样停留在家中。她和同村的人一起去到大城市的服装厂打工，依靠着助听器，她也可以正常倾听了。然而，厄运又到来了，琳琳的眼睛失明了。在经历了生不如死的痛苦后，她决定学习推拿。琳琳曾经听说盲人推拿，然而对于一个女孩子来讲，推拿无疑是非常耗费力气的活。但是她从来没有喊过苦叫过累，在推拿店当了两年的学徒之后，她终于掌握了推拿的手法。从这时开始，她的工资也不再是学徒工资。琳琳推拿的技巧纯熟，力道拿捏准确，她服务过的每一个客户都非常认可她，有很多熟悉的老客户都专门点名让她推拿。琳琳的生意越来越好，也成为店里的一把好手，工资也水涨船高。为她的爷爷奶奶买了很多好吃的、好喝的，让爷爷奶奶在家里安心地生活。而她自己则开始默默地攒钱，原来她梦想着能拥有一家属于自己的推拿店。

五年过去，爷爷奶奶已经离开了，琳琳独自一人在大城市漂泊，家乡再也没有她的牵挂，她也不用回到山村去看望爷爷奶奶了。面对着一个人无牵无挂的生活，琳琳决定拿出自己所有的积蓄开一家盲人推拿店。毫无疑问，这个决定是很冒险的。然而她是一个很坚强自信的女孩，既然做出这个决定，她就绝不后悔，也愿意承担一切的后果。琳琳不相信命运会让她走投无路，也不相信人生会有绝路。刚开始时，推拿店的生意并不好，琳琳就辞退招聘来的员工，自己一个人勉力支撑。随着开店的时间越来越长，很多老顾客也找到琳琳的店里照顾她的生意，她的生意越做越好。几年之后，琳琳成了不折不扣的老板，几乎不用自己亲自去给客户推拿。没过几年，她又开了几家分店。琳琳把事业越做越大，因而动了心思想去治疗眼睛。她去了美国找了最好的眼科医生，果然医生说她的眼睛还有救。经过一段时间的治疗，虽然只能看见模糊的人影，但是远远比生活在黑暗中好多了。琳琳终于迎来了人生的春天。

面对命运的不公平，如果一味地抱怨，只会让自己的人生更加灰暗。正确的做法是让自己变得积极主动，越是遭受命运的疯狂打击，越要鼓起勇气和信心去与命运对抗，最终成为人生的舵手，操控自己的命运。

人之所以命运愈加悲惨，是因为面对不公平的时候总是想要徒劳抗争。殊不知，没有人能与命运理论，唯有接受命运的不公平，鼓起勇气正面面对命运，努力改变命运，才能真正地主宰人生。

成为自己人生的参与者，而非旁观者

现实生活中，每个人都想获得成功，都想成为人生的主宰。然而，人生其实并没有什么诀窍和捷径，一个人要想掌控人生，就必须真正参与人生，而不要始终站在人生旁观者的角色漠视人生。

大多数人都对自己的人生都感到不满足，他们因此而抱怨命运不公，最终对人生失去信心，而让自己沦为人生的旁观者。直到时间悄然流逝，青春年华不再来，他们才意识到每个人都必须对自己的人生负责。一个人越早知道自己在人生中的角色，越能够及时抓住人生中千载难逢的好机会，从而让自己的人生更幸运。年轻的时候，如果你抱怨自己一无所有，那么你就错了，因为对于年轻人而言，一无所有反而是件好事，这是命运安排你孤独地走过一段人生之路，这样你才会更从容淡然，你也才能够在面对内心的过程中让自己不断强大起来。归根结底，哪怕是最爱我们的父母，也不可能永远陪伴着我们，所以我们只能独自面对人生，自己扛起一切艰难和挫折。

当然，对人生感到愤愤不平的时候，也不要一味地只盯着人生中不如意的地方看，其实命运总是公平的，它在为一个人关上一扇门的时候，还会为这个人打开一扇窗。因而我们对待人生要怀着更宽容的心态和更充足的热情，而不要总是假装没有看到上帝给我们的好。也许当怀着感恩之心，我们就能看见命运更多的美好与善良，就像一位名人所说的，这个世界上并不缺少美，缺少的只是发现美的眼睛。我们也唯有以感恩的心面对这个世界，才能更加从容地得到更多。

小文是个文静的女孩儿，从小就喜欢做针线活儿，她总是跟着年迈的姥姥一起缝缝补补。姥姥看到小文的针线活儿越做越好，总是夸小文："我们小文可真像大家闺秀啊，才能把女工做得这么好。这手好活儿，要是放在古时候，提亲的人都会踏破咱家的门槛呢。"每当这时，才十几岁的小文总是非常害羞，依偎在姥姥的怀中，抱着姥姥的脖子撒娇。

原本，小文最大的理想是成为一名服装设计师，然而造化弄人，在高考时她没有考出好成绩，与美术学院的服装设计专业失之交臂。最终，她不得不勉为其难地选择了会计专业，从而让自己有生存的技能。就这样，小文成了一名会计，幸好她没有把女工扔下，而将其作为自己的爱好，始终刻苦钻研。

十几年过去，原创服装越来越受到人们的喜爱和欢迎，尤其是淘宝的普及，使得更多人喜欢在网上购买东西。对于小文出色的女工，家里人都激励她开一家网店，专门卖原创服装，小文却觉得很为难，因为她对网络并不很懂，又因为一直从事会计专业，她觉得自己已经对女工生疏了。直到有一天家庭聚会，表妹穿来了一条独特的裙子，大家都觉得这个裙子的样式很好看。然而当听到表妹说出这条裙子的价格时，大家都不免觉得乍舌。尤其是年迈的姥姥，撇着漏风的嘴巴说："你呀真是瞎花钱，你还不如让你表姐给你做呢，这衣服虽然样子好看，但是做工真不如你表姐。"表妹不由得嗤之以鼻："我表姐那是在家瞎玩儿呢，我这可是人家原创设计师亲手做出来的。"小文听到表妹的话可不乐意了，说："我可不是瞎玩儿，等着吧，我也去学学服装设计，将来一定能够做得比你这条裙子更好。"从此之后，小文一边工作，一边利用业余时间学习服装设计。一年之后，小文的服装作品居然在服装设计赛上赢得了三等奖。小文受到极大的激励，索性辞掉工作，专门参加了电脑培训班，也学习了在网络上开店的技能。很快，小文原创服装店就隆重开业了，因为小文设计的服装样式独特，做工精良，所以小文的生意越来越好，没出几年，小文就成立了自己的服装加工厂，把生意越做越大了。

事例中，小文阴差阳错与服装设计专业失之交臂，然而，命运从来不会辜负任何一个人。在十年之后，小文还是再次拿起了针线和剪刀，成为了一名不折不扣的服装设计师，也最终成为成功的服装制造商。她虽然不能继续从事会计的职业，但是她却找回了自己最喜欢的工作，这简直就是人生最大的幸运。

人生中的很多时候，我们都要与厄运作斗争，然而更多的时候，我们要顺应命运的安排，这样才能让自己在人生中事半功倍，从容不迫。在人生发展的过程中，我们应该意识到自己的天赋和特长，而不要选择弥补人生的短板。很多人都知道心理学上的木桶理论，意思是说一只木桶能装多少水并非取决于最长的那块板，而是取决于最短的那块板。因此，要想增加一只木桶的容水量，就要弥补木桶的短板，从而让木桶派上更大的用场。但是对于人生而言，木桶理论并非完全实用，每个人未必要弥补自己的短处，而应该抓住自己的长处和优点，从而发展自身的核心竞争力，让自己的能力越来越强。

生活中，很少有人有那样的幸运，从事自己最喜欢的工作，即便如此，我们也不能浪费上天安排给我们的天赋。人生中，很多机会都是人们自己创造和争取出来的，所以我们更要把握好人生，让人生绽放异彩。

人生越折腾，越有不一样的可能

面对不那么令自己满意的人生，很多人的说辞就是“我没有生在好时候”，的确，这个理由简直无懈可击，因为没有人能决定自己何时出生，生在哪个年代，或者生在哪个家庭中。因而把人生中的不满都归于出生，那么就再也没有人能够说出指责的话来。殊不知，恰恰是这句话让当事者彻底放弃人生，也对人生疏于努力，因为他们已经为自己找到了最好的借口和理由，让自己继续懈怠和松散下去。

什么时候才是好时候呢？可以说从来没有人真心觉得自己生在好时候，这是因为生活中总是有太多的不如意，正应了那句话，人生不如意十之八九，也正因为如此，所以人生总是会有更多的遗憾。那么，生在什么时候真的会决定一个人的一生吗？也许大环境对人的影响是不容忽视的，但是一个真正敢于奋斗、努力折腾的人，却从不会在安逸的生活中让自己沉沦下去。哪怕外界的环境充满艰难坎坷，他们也总能找出理由激励自己，让自己不断地努力奋进，最终活出从容潇洒的境界。

我们必须认清楚一点，那就是不要把人生的波澜起伏归咎于出生的年代不好，因为每个人的人生都把握在自己的手中，只有真正掌握命运，人才能驾驶命运的帆船远航。否则，哪怕出生的年代再好，如果自己不努力，也是完全没有办法操控人生的。很多时候，过于安逸的生活也会让人不愿意折腾，其实这是因为安逸磨灭了人的斗志，而并非与出生的时候有关。所以人们常说时势造英雄，是因为在乱世之中，人被逼得不得不折腾，不得不努力奋斗，最终反而彻底扭转了命运的模式。由此可见，被逼上绝路也并非是一件坏事，因为这个世界上真的是天无绝人之路。在绝路上，只要脑子活泛一些，又因为无路可退，反而能够破釜沉舟，让自己真正做出伟大的事业。

一直以来，妈妈都说自己没有生在好时候，是因为她出生的时候国家贫穷困难，而她又生在一个子女众多的家庭中，为了响应上山下乡的号召，排行老三的妈妈义无反顾地去了新疆。妈妈在新疆整整待了十年，可以说新疆是她的第二故乡，她在新疆每天都辛苦劳累，不知道在辽阔的土地上挥洒了多少汗水和泪水。直到二十八岁，妈妈才回到了自己的出生地，回到了姥姥姥爷身边。离开新疆的时候，为了留有纪念，妈妈居然万里迢迢背回来一个大木墩儿，送给姥姥姥爷当菜板。如今我都已经二十多岁了，但是每当我想要抱起大菜板，却发现哪怕咬牙切齿，用尽全身的力量，也很难抱起来。我简直难以想象看似柔弱的妈妈当初是如何辗转万里之遥把这个沉重无比的大家伙抱回来的。

妈妈回到出生地之后，就进入一家工厂当工人，然而在辛辛苦苦干了二十多年还没等到退休的年纪时，妈妈就被工厂辞退了。说是辞退，实际上是内退，也就是说妈妈还可以照常拿退休金，但是在退休之前的这段时间里，妈妈却没有了薪水，只能靠自己去养活自己。从这时开始，妈妈再也不说自己没赶上好时候，因为她已经无暇去说。面对着上大学需要学费的我，她只能四处奔波，寻找生路。她批发了很多衣服四处售卖，就连我们整个大家庭聚餐的时候，她都会带着几件样品去推销给兄弟姐妹。

有一段时间，服装不好卖，妈妈又开始卖化妆品。同样的套路，她再次走了一遍，然而这一次效果很不好。毕竟家里的亲戚朋友也许能照顾一次她的生意，却不能经常照顾她的生意。后来兴起了保险，妈妈就成为了全镇第一批保险业务员。刚开始时，她的保险业务推销得很不顺利，因为当时的人根本就没有保险意识，所以妈妈也只能靠着卖给亲戚朋友，才能有一些收入。此后，妈妈还干过房产中介、职业介绍所、家政服务公司。总而言之，妈妈绝对验证了生命不息，折腾不止那句话。

十几年的时间过去，妈妈终于熬到了退休的年纪，过上了踏踏实实的退休生活。然而已经忙碌惯了的她此刻闲不下来了，虽然不用再为生活发愁，作为她唯一的儿子的我也已经有了工作，拿着丰厚的薪水，但是她又开始折腾起来。她开了一家卖磁疗床的店，推销这种新兴的保健玩意儿给老大爷老大妈和拥有保健意识的年轻人。看着妈妈折腾的样子，我不由得感慨：也许正因为折腾，妈妈才能青春永驻吧！

生命不息，折腾不止，并不只是针对年轻人的，而是针对每一个人。相比起很多成功的人而言，普通人的人生也许会更加平淡顺遂，但是成功者在真正获得成功之前都一定经历了大风大浪。然而一个人要想真正获得成功，首先就要突破自己，不要从内心深处禁锢自己，才能让自己更加有尊严地活着。

现代职场上，很多年轻人都会觉得备受打击和折磨，他们总觉得自己的能力很高，然而却始终找不到合适的平台发展自己。有的时候，他们因为能力不足被单位开除了，还会觉得委屈万分。实际上，每一段人生经历都不是白白经历的，一个人只要始终心怀希望，不愿意放弃，那么他总能养活自己，也总能在吃苦的年纪中拼搏出属于自己的精彩人生。

在哭泣之中成长，哭过之后才有力量

这个世界上谁不曾哭过呢，新生儿从呱呱坠地开始，如果不哭，医生护士还会使劲地拍打屁股，让他哭得嘹亮。这哭声是小生命正在宣告，让人们知道他已经降临这个世界，也让人们知道这个世界上从此又有了一个倔强的、不服输的生命。经验丰富的妇产科医生总是能够从婴儿的哭声中判断婴儿的性格，甚至知道婴儿的脾气秉性，这是因为不同的哭声代表着不同的含义，例如有的婴儿哭声柔软，有的婴儿哭声尖锐，甚至一声紧似一声，使人意识到他一定是一个性子火急火燎的人。然而，即便在成长之后，人也要总是经常面临生活的不如意，甚至要遭受突如其来的打击。当眼泪流下来的那一瞬，心灵似乎找到了缺口释放，所以流泪并不是一件糟糕的事情，尤其是在难过时不如就踏踏实实地哭一会儿，只有当哭过之后才能有力量，接着继续往前奔跑。

很多时候，我们羡慕他人的成长一帆风顺，却不知道他人在笑容背后也隐含了很多的泪水。每个人的成长都浸透了泪水，从呱呱坠地的新生儿到成为一个坚强独立的成年人，泪水浸润了我们成长的整个过程。有些人会对哭泣产生误解，觉得哭泣是女性的权利，作为男人一定要坚强勇敢，决不有泪轻弹。实际上，不管对于男人还是女人而言，哭泣都是人生中必不可少的，这是因为人都吃五谷杂粮，都有七情六欲，都会遇到人生的喜怒哀乐惧，那么流泪也就成了理所当然的事情。在很多情况下，如果伤心欲绝而强忍着眼泪不流出来，反而会对身体和心灵造成很大的伤害。

有个女孩从小就命运坎坷，年幼的时候就失去母亲，后来虽然非常努力地学习，也考上了大学，但是个人感情却很不顺利，结婚之后又遭遇了离婚。再后来，她的父亲身患重病去世，女孩至此心灰意冷，再也不想在这个红尘俗世上遭受折磨。把父亲入土为安之后，她决定抛弃一切剃发出家，从此再也不为这个世界所烦恼。

寺庙里的师太看着女孩满脸泪痕的样子，意识到她一定是遇到了人生中迈不过去的坎，或者是为难的事情，为此掌门人决定留她在寺庙里小住几天。实际上，掌门人早已决定不收她，因而只对她说要给她一些时间适应寺庙里的生活。

女孩远离尘世，每天都与寺庙里的尼姑为伴，每当尼姑诵经的时候，她的心就会感到莫名的悲伤。她看起来很平静，实际上她的心没有片刻安宁。每当想起过往的人生中种种的不如意，她总是泪水涟涟。几天之后，师太感觉她的情绪渐渐平静，因而对她说："你的尘缘未尽，不应该出家，还是去红尘续命吧。"听到师太的话，女孩简直绝望透顶，不管她怎么苦苦哀求，师太都不愿意收留她。女孩无论如何也想不通，为何自己连出家都会遭到拒绝呢？人生有还会糟糕到何种程度呢？经历了这一番折腾，她原本一心想要出家，现在却有些怄气了：连寺庙都不愿意收留我，我就不相信阎王爷愿意收留我。既然小鬼都怕我三分，那我就拿出自己这条命去狠狠地摔打，我相信我一定能够战胜厄运。有了这种想法之后，女孩的心中不再绝望了。回到都市，她开始马不停蹄地找工作，租房子，然后逼迫自己全力以赴地生活。每当觉得累的连话都不想说的时候，她就暗暗告诉自己：你又不能出家，又不能去死，那么你就只能好好活着！就这样，女孩一路奔跑，不知不觉间居然跑出了人生的幸运。几年之后，她攒够了买房子的首付，为自己安置了一个家。后来，坚强努力的她得到了意中人的青睐，重新组建了家庭，结婚生子，从此之后过着幸福的生活。

对于女孩而言，她的人生已经被泪水浸透了，所以她才会心灰意冷，想要出家。然而，寺庙的师太看出来她根本尘缘未尽，只是一时绝望才想放弃人生，因而不想收留她出家，而只是想让她在寺庙中住几日，清净清净内心。很多人都会以为自己已经进入人生的绝境，然而当时间流逝，她们才发现曾经遭遇的坎坷苦痛并不是人生的绝境，只有更好地面对这一切，才能真正操控和把握人生。

曾经有记者采访一位百岁老人，问他在活过百年之后，对人生有怎样的理解和感悟。老人只说了一个字，那就是——熬。熬字形象地描绘出老人对人生的感悟。的确，人生是需要熬的，不管是遇到开心的事，还是遇到艰难的事，都要等待事情过去迎接崭新人生的到来。因此朋友们，当你真的感到伤心绝望的时候，不如大哭一场，只是记得要在哭过之后继续上路，人生就会迎接美好。

第6章

有些烦恼没必要存在，有些事情不值得计较

生活中，人人都有自己的烦恼，在不同的时期，烦恼也不同，孩子有孩子的烦恼，成人有成人的烦恼，这些烦恼影响着我们的心情甚至生活和工作。心理学家称，人们计较和烦恼的问题并不是确切的某个问题，也就是说，这只是人们在自寻烦恼，我们要清楚的是，有些烦恼没必要存在，有些事情不值得计较，所以放宽心、轻松面对，才是应对之道。

与人为善，有些小事何必计较

现实生活中，没有人愿意因为一点儿小事情就与他人斤斤计较。心胸开阔的人从来不把无关紧要的事情牢牢记在心上，但是心思狭隘的人，哪怕知道因为一些小事情而生气是不好的，也无法真正做到豁然开朗。所以，最重要的是要调整好心态，这样才能最大限度激发生命的动力，也才能让自己具备广阔的心胸。

对人来说最宝贵的是生命，然而，气大伤身，如果总是为不值得计较的小事情而生气，那么日久天长就会带来各种麻烦和纠纷，也会变得无法解决。不可否认的是，生活总是琐碎的，如果我们总是因为琐碎的生活而陷入各种被动的境遇之中，那么就会失去本心，迷失自我。既然人生的光阴这样宝贵，一寸光阴一寸金，那么我们为什么不最大限度把时间利用好，也让人生变得更加充实呢?

尤其是在人际交往中，如果一个人总是因为各种各样的原因与他人怄气、赌气，渐渐地，他们就会失去好人缘，也会变得人人见到他们就很讨厌。此外，小心眼的人还会表现出自己小气的一面，导致自己的人生道路越走越狭窄。要想改变这样的情况，最重要的在于要把目光放得长远，这样才能看到更远处，也才能让自己的心更加释然。尤其是在现代社会，人际关系被提升到前所未有的高度，人脉资源也成为非常重要和丰富的资源。为此，每个人除了要爱惜自己的身体，减少生气的次数之外，也要出于人际关系的角度考虑，与人为善，与己为善。

有段时间整个中国都笼罩在非常悲哀的气氛之中，这是因为重庆的一辆22路公交车坠入长江下七十一米深的地方，经过了八十多个小时才得以打捞出来。但是，坠入江底的整车人都失去了宝贵的生命，迄今为止还有两个人的尸体没有找到。在事故发生之后，人们通过道路上的监控录像看到了公交车坠江的瞬间，但是对于公交车里面发生的事情却毫不知情。直到把公交车打捞上来，通过黑匣子，才看到了当时的情形。原来，有一位女乘客因为没有听到车上的报站，导致坐过了站，为此与公交车司机发生了激烈的争吵，而且还动手与公交车司机打架。公交车司机握着方向盘，要对整车人的性命负责任，但是他却因为一时生气，腾出一只手来与女乘客互殴。结果，悲剧就在几秒钟之内发生，当他收回右手的时候，突然打轮，导致公交车冲破大桥上的护栏，坠入江底。不得不说，这位女乘客的道德素养很低，自己做过了站，却抱怨公交车司机。而这位公交车司机因为缺乏自控力，使情绪彻底失控，在短暂的时间内做出混乱的举动，结果丢掉了整车人的性命。逝者已去，我们无从得知公交车司机在当时愤怒的一瞬间到底是怎么想的。但有一点可以肯定，那就是不管他出于什么动机突然向左边打方向盘，都是因为他失去了自控力，完全不能控制自己。否则，他完全可以踩刹车，从而在保障全车人生命安全的情况下，与女乘客好好理论一番。再或者，这位公交车司机如果有气度，不生气，那么也许争吵不会发生。

在现实生活中，每个人都肩负着自己的使命，也承担着一定的责任。任何时候，都不要因为一时冲动而做出失控的举动，否则等到懊悔的时候就已经悔之晚矣。对于人而言，最宝贵的是生命，以珍惜生命为原则，我们更应该理性地与身边的人相处，这样才能保证健康，也才能获得良好的人际关系。记住，在生命面前，一切事情都显得没有那么重要，既然如此，还有什么必要总是生气，或者总是感到懊丧呢？记住，生命大于一切，生命是1，其他的一切都是0。对于人生，我们既要认真，也要避免认真，这就像是在以精确见长的数学领域，也同样需要模糊一样。

烦恼皆自找，庸人自扰之

三毛是一个传奇的女子，为了爱情，她曾经义无反顾地与荷西深入撒哈拉沙漠生活。正因为她细腻的文字，有很多人都从三毛的笔下见识到撒哈拉沙漠，也开始了解撒哈拉沙漠。在撒哈拉沙漠里，有一种沙鼠非常奇怪。这种沙鼠每到干旱的季节来临，都会囤积很多的草根，作为在干旱时节里的粮食。它们整日都忙忙碌碌，几乎没有闲暇的时候。它们是那么辛苦，却从不抱怨和休息。它们不但要把草根运送回到洞穴，还需要咬断草根。现实的情况却是，沙鼠尽管积蓄了大量的草根，但是他们并不能在一个干旱季节就消耗掉这些草根。然而，等到又一个干旱季节即将来临的时候，沙鼠还是和之前一样忙碌，而丝毫没有意识到自己可以不用储备那么多的粮食。

有心理学家针对沙鼠的表现进行研究，沙鼠之所以如此忙碌和焦虑，就是因为它们一代一代相传，所以才会形成了焦虑的基因。有心理学家把沙鼠捕捉起来，关闭在安逸的环境中，结果沙鼠因为没有草根可以去积蓄，居然濒临死亡。很多朋友看到沙鼠有这样的表现一定会觉得可笑，而在人类社会中也有很多人和沙鼠一样，不知道如何调整自己的心态，帮助自己获得更多的安心和快乐。他们总是未雨绸缪过度，最终变成杞人忧天，也常常会陷入各种无端的困境中，导致自己在成长的道路上迷失自我。实际上，只要心安然，人生也能变得安然。

在西方国家，人们都很信奉《圣经》。在《圣经》上有一句话告诉人们，不要为了明天的事情而烦恼，只需要把今天的事情做好就可以。也有心理学家曾经对人们的烦恼进行调查，发现大多数人之所以烦恼，就是因为他们总是无端忧虑，实际上，人们所担忧的事情基本不会发生，所以学会放下烦恼和忧愁是非常重要的。

自从上了初中之后，每一天多多都愁眉苦脸的，他似乎就没有开怀地笑过。对于多多的表现，妈妈问多多：“多多，你为什么这么忧愁呢？”多多说：“每天都有这么多作业需要完成，写完了今天的，还有明天的，好不容易到了周末休息，老师会布置更多的作业。”妈妈安抚多多：“每个孩子都要学习，都要完成作业，况且，今天的你只需要完成今天的作业，为何要因为明天的作业而忧愁呢？”多多回答：“因为睡一觉就到明天了。”妈妈笑起来：“虽然睡一觉就到明天了，但是你并不需要为了明天而烦恼。因为睡一觉之后，你的精力也会更加充沛。”听到妈妈的话，多多渐渐地调整心态，变得释然。的确，如果明天注定要到来，我们还有什么必要忧愁呢？因为忧愁并不能解决任何的实质性问题，只会让我们更加被动和沮丧。记住，每个人真正能够抓在手里的只有今天，既然如此，就要全力以赴活好每一个今天，才能避免为了昨日而后悔，也才能拥有值得期待的美好明天。

满怀热情，给生活增添一些色彩

现实生活中，有太多的人已经被生活磨砺得失去了热情和希望，而就这样怀着当一天和尚撞一天钟的态度无奈地应付生活。他们自以为欺骗了生活，却不知道这样的态度是对自己最大的敷衍和欺骗，也许最终没有欺骗生活，反而欺骗了自己。

不可否认的是，现实生活的确给人太大的压力，也常常使人感到窒息。然而，这一切都不是我们懈怠对待生活的理由，面对生活，我们一定要更加积极主动，满怀热情，才能得到生活的友好回报。也许有些朋友会说，生活的柴米油盐酱醋茶就压迫得我们抬不起头来，没有时间喘息，我们还如何在生活中有更好的表现和未来呢？我们要坚信生活不止苟且，还有诗和远方。面对生活，我们固然要学会随遇而安，顺势而为，却也要有自己内心的坚持和渴望。有一句打油诗说，困难像弹簧，你强它就弱，你弱它就强。面对生活的重重困难，我们也要做到坚强，这样才能让困难对我们缴械投降。

每个人都要怀有对于命运的热情，才能成为命运的主宰。也许因为贫穷，我们无法奢侈地每天给自己买一束鲜花，但是在路边遇到野花的时候，我们却可以带着欣喜将其采摘回家。或者，我们还可以买一盆绿植，这样就可以让家中充满鲜绿的颜色，充满美妙的气息和勃勃的生机。总而言之，当心中对生活怀有热情，我们总能想方设法给人生增添一些色彩，总能给未来增加一些资本和筹码。只要心底的希望之光始终在熊熊燃烧，我们的人生就会充满无限的可能性，获得蓬勃的生机和发展。

执着拥有强大的力量，它不是惊天巨浪，却有静水流深的坚持和韧性。面对人生的诸多困难，我们一定要足够坚持，始终执着面对，才能战胜这些困难，也让人生能柳暗花明又一村。人生要有大格局，不要因为眼前小小的不如意就放弃对于生命的渴望，而是要更加坚持和勇往直前，才能在人生的道路上努力奋进，绝不屈服。有大格局的人生总是更加开阔，我们站得更高看得更远，让我们能够到达更高的巅峰，看到更远处的风景。心理学家曾经证实，大多数人的先天条件都相差无几，之所以有的人能够获得成功，而有的人总是与失败结缘，就是因为成功者对于人生从不屈服，而失败者在遭遇小小的失败之后就会放弃，为了避免失败，他们甚至彻底放弃努力，这样也就真正与成功绝缘，再也没有成功的机会。这种因噎废食的做法，无疑是不可取的，也会给予我们的人生带来沉重的打击和致命的伤害。记住，在人生的道路上，没有人能随随便便获得成功。在成功的背后，总是有艰难的付出，也总是有持之以恒的努力。唯有不怕辛苦，不怕失败，始终不忘初心砥砺前行，我们才能越来越接近自己的梦想，也最终真正拥有诗和远方。

也有很多朋友说，诗和远方固然美好，却是需要金钱和物质作为支撑的。其实，这同样是误解。诗和远方，与金钱和物质没有太大的关系，而是我们心底里对于人生的态度。如果一个人面对人生只想着金钱和物质，那么他难以避免会被这些身外之物限制和禁锢住。反之，如果一个人的内心天地非常广阔，有着强大的精神和盎然的志趣，那么他们就不会被金钱和物质限制与禁锢，而是会挣脱世俗的约束，在自由自在的人生天地里展翅翱翔。心若改变，世界也随之改变，而你需要扪心自问：我的心中有诗意吗？

改变心态，从容豁达地面对人生

一个老奶奶有两个女儿，大女儿卖伞，二女儿卖鞋。每到下雨的天气，老奶奶就愁眉苦脸，因为她很担心二女儿的鞋子卖不出去。每到晴朗的天气，她也高兴不起来，因为她很担心大女儿的伞卖不出去。邻居看到老奶奶终日眉头紧锁，似乎总也高兴不起来，因此劝慰老奶奶："奶奶，我觉得下雨天您应该高兴，因为您的大女儿生意一定很好。到了天气晴朗的时候，您也应该高兴，因为您的二女儿的鞋子一定卖得很快。总而言之，您家里每天都有钱赚，您应该每天都开开心心的。"在邻居的劝解下，老奶奶想通了这个道理，果然之后的每一天都很快乐。从这个小故事中我们不难看出，境由心生，很多事情都是由心态决定的。老奶奶之前之所以郁郁寡欢，是因为她总是想着不开心的事，而当想到不管艳阳高照，还是阴雨连绵，大女儿和二女儿都有钱可赚时，她就高兴起来了。

要想拥有从容豁达的人生，我们就要改变心态。唯有心态改变了，我们才能以平和之心对待万事万物，从而使自己变得宽和从容。很多人的人生之所以总是局促不安，就是因为他们的心。古人云，境由心生，这句话是很有道理的。面对生活的困厄，大多数人都在抱怨，因而心情郁郁寡欢，最终导致事情朝着反面发展。相反，当你的内心充满阳光，你所看到的一切也会瞬间阳光明媚起来。归根结底，抱怨对于事情的发展不会有任何积极的影响和作用，而只会使事情越来越糟糕，使心情越来越阴郁。我们唯有不再抱怨，从此时此刻就开始改变，才能起到立竿见影的效果，调整局面，迎接未来。

从记事开始，林欢和林乐就对爸爸的酗酒心有余悸。他们的爸爸是个酒鬼，刚开始时只是爱好喝酒，后来酒瘾越来越大，直至每天都会喝得醉醺醺的，不是骂孩子，就是打老婆。在这样恶劣的家庭环境中长大，欢欢和乐乐简直毫无幸福可言，几乎每天都是提心吊胆地度过。每当看到同龄的孩子遇到为难的事情就有爸爸出来撑腰，而他们根本不敢告诉爸爸，生怕爸爸因此找到借口借酒浇愁时，他们简直觉得人生失去了希望。然而，无论日子多么艰难，总要一天一天地往前过。转眼之间，欢欢和乐乐都长大成人了，而且也一起离开了家，外出打工，开辟自己的天地。

十年过去了，现在的欢欢和乐乐生活得怎么样呢？当年迈的妈妈因为不放心兄弟俩，特意千里迢迢地奔赴遥远的城市看他们时，简直大吃一惊。妈妈首先去了欢欢家。欢欢家里乱极了，妈妈到的时候，欢欢正在和妻子激烈的争吵，孩子吓得蜷缩在角落里，根本不敢出声。看到欢欢醉醺醺的样子，妈妈恨铁不成钢地说："欢欢呀，欢欢，你怎么能和你爸爸一样呢！难道你忘记了你小时候吃的那些苦，受的那些罪了吗？"欢欢不以为然地说："我从小在那样的家庭里长大，我的爸爸是个酒鬼，你还指望我能怎么样？"妈妈伤心极了，连口水都没喝，就去了小儿子乐乐家。打开门，妈妈首先看到租来的房子虽然窄小局促，但是乐乐的家非常干净整洁。为了迎接妈妈的到来，乐乐正和妻儿一起包饺子呢。他们全家人有说有笑的，让妈妈心里瞬间乐开了花。妈妈感慨地说："乐乐呀，你哥哥要是和你一样就好了，能把日子过得有了眉目，妈妈就有盼头了。"乐乐懂事地说："妈妈，我小时候就因为爸爸吃足了苦头，我可不能再让我的孩子也和我一样，提心吊胆地度过童年。"

在这个事例中，欢欢和乐乐是兄弟俩，对于酗酒的爸爸，他们感同身受。然而，在长大成人拥有自己的家庭后，欢欢却变得和爸爸一样，因为他的心里始终在抱怨爸爸，憎恶家庭。而乐乐呢，他吸取爸爸的教训，发誓不让自己的孩子重蹈覆辙。因而，他清醒地做人，认真地做事，滴酒不沾，只为了给孩子一个幸福快乐的家。

同样的人生经历，却给兄弟俩带来截然不同的命运。欢欢活在抱怨里，乐乐则始终在努力地改变和完善自己，从而拥有幸福美满的生活。抱怨，就像是一个诅咒，只会蒙蔽我们的心，让我们再也无法坦然地面对生活。改变，就像是希望之光，给我们原本阴云密布的生活带来乐观的变化。任何时候，面对苦难，我们都不要一味地抱怨。只有从现在开始改变，只有坦然积极地化解苦难，我们才能迎来美好的未来。

从某种意义上来说，面对苦难所作出的反应，与一个人的心智是息息相关的。心智低的人，总是被动地接受生活赋予的一切，无法超越自己的本能，无法拒绝随波逐流。相反，心智高的人则能够进行理智的思考，从而权衡利弊作出决断，最终帮助自己摆脱心中的囚牢，勇敢地放飞自己的心灵。人生总不可能是一帆风顺的。任何时候，我们都要拥有自己的思考，作出自己的选择。认知的不同，导致我们对待外界的反应也截然相反。因此，我们在生活中应该尽量丰富自己的经历，多多积累生活的经验，帮助自己提升心智。让改变就从这一刻开始吧！

第7章

经历舍弃与告别，才能遇见成长后的自己

有人说，我们可以拒绝所有事，却不能拒绝成长，成长是一个无法逃避的问题，更是夹杂着血泪的一个过程，成长路上，我们会遇见，也会舍弃与告别，但即使如此，我们依然要继续往前走，继续以更成熟的心态迎接明天。

生命流转，我们也学会了成长

孩子初入幼儿园大概在三岁前后，会出现明显的亲社会行为，会积极地结交朋友，也会因为自己多了一个朋友而非常高兴。等到进入青春期时，孩子大概十二岁左右，孩子会渐渐疏离父母，而亲近朋友。这是因为朋友的陪伴是父母无法给予的，在青春正好的时候，我们总会遇到很多相同年纪、相似爱好，甚至脾气秉性都很投合的人。再加上都有着青春的热情和朝气，与朋友之间的相处也变得尤其新鲜。很多朋友甚至好到穿一条裤子，一起吃饭睡觉，一起看剧到深夜，一起对天发誓要生生世世永远在一起。然而，随着生命的不断流转，曾经年轻的我们渐渐成熟，却再也难以找到如同当年一样心灵默契的朋友。这是为什么呢?

每个人都是这个世界上独一无二的个体，每个人对自己的人生都有不同的规划和目标。随着不断成长，我们走出校园，脱离了单纯的学校生活，步入社会后从事着不同的工作，在不同的岗位上拼搏和奋斗。渐渐地，你会发现曾经与朋友之间的相似和相同都消失了，还会发现自己与朋友变得完全不同。随着人生半径不断扩大，我们的人生经验越来越丰富，因而失去了当初与朋友在一起疯狂的激情。时光把你和朋友变成两路人，朋友之间既要珍惜彼此之间的缘分，也要适应如今的渐行渐远。

大学毕业后，小米和小叶这一对好闺蜜因为工作的原因而分道扬镳了，小米回到家乡，在父母的人脉资源下，进入政府机关工作，小叶则去了大城市努力打拼。一开始，小米还忧愁小叶在大城市中生存艰难。但是几年过去之后，小米发现小叶有了很大的改变。

小米在老家过着单位和家两点一线的生活，小叶却在大城市里挤着公交车，经常加夜班，住在地下室，时不时地就会感到心力憔悴。但是小叶从来没有放弃过在城市的生活，她坚信自己只要坚持，最终一定能够获得成功。不论多么艰难，小叶都始终在坚守，几年之后，她在工作上有了很好的发展。等到小叶衣锦还乡的时候，突然发现自己和小米之间失去了共同语言。当小米说起家常里短的那些琐碎事情时，小叶总是觉得很心烦，而当小叶说起在大城市生活的好处，小米总是无法理解。小叶告诉小米每天上班至少要一个小时才能到达单位，有的人甚至来回要三四个小时，小米总是惊讶地说："这样的工作还有什么意义呢，把一天之中大多数的时间都耗费在路上。"小叶说："你以为呢，大城市可不像在家里上个班十分钟就能到。大城市地方大，靠着工作单位的地方往往寸土寸金，不但房价贵，租金也贵，所以很多人哪怕租房，一开始都只能在郊外立足，或者租住在城里的地下室。地下室条件很差，连手机信号都没有，住在郊外虽然远，但是条件好些，不过每天都要花费巨大的时间成本上班。等到经济条件渐渐好转，就可以在单位附近租房，甚至买房，这样一来生活质量也就能提升一个层次了。”

随着彼此之间交谈越来越意兴阑珊，小叶在回家之后虽然依然会和小米见面，但是彼此都觉得有些生疏。曾经在大学期间好得睡一张床、穿一条裙子的小米和小叶，终于在成长的过程中渐行渐远。她们一个人生活在安逸的四五线小城镇，一个人生活在每天都节奏很快的大城市，可想而知，她们之间必然越来越缺乏共同的话题和语言。

这就是成长的本质，很多人以为小时候一起穿开裆裤长大的朋友，长大了以后也依然能成为铁哥们、好闺蜜。殊不知，人和人之间交流是最重要的媒介，一旦交流出现问题，缺乏共同的话题，或者没有共同的语言，那么彼此之间就会越来越疏远。这就像是夫妻之间的关系，很多夫妻结婚时的确是真爱，但是随着一方不断进步，而另一方止步不前，他们渐渐就会相距遥远，直到感情破裂。因而不管对于朋友还是对于夫妻而言，最重要的就是保持共同进步的状态，否则成长的过程中就会渐渐疏远，而最终我们也不得不舍弃那些不合拍的人与事情。成长，使得与我们相距遥远的一切最终会成为记忆中最美好的回忆。

每个人对于人生都会有憧憬和渴望，哪怕只是对朋友，人们也会有一些期望值。古人云，人生得一知己足矣，实际上大多数人在人生中未必能有一个知己。人是群居动物，然而人的本质又注定了人是孤独的。每个人都希望有人能听懂自己的快乐和苦恼，每个人也都希望别人能够明白自己的心意。当人与人之间拥有心意相通的感觉，当然会觉得很默契，然而这样的默契并非在每个人之间都有，甚至有些夫妻在一起生活一辈子，也总是达不到默契的程度。当婚姻这么尴尬地存在，我们可以选择挥手告别这段婚姻，也可以选择包容，努力改变自己来适应他人。对于朋友也是如此，朋友之间是相互理解和体谅，还是彼此仇视，决定了友情的发展方向。

有人说，友谊是非常纯粹的，实际上友谊也是很现实的。对于两个原本关系亲密的朋友而言，如果一方的成长跟不上另一方快速的脚步，那么彼此之间的差距就会越来越大。也许我们可以凭着旧时的感情去维护友谊，但是当差距达到一定程度的时候，彼此就无法实现心灵上的交流和契合。所以不管是否愿意，我们都必须承认这个世界上的很多人和事都要靠缘分才能相依相守在一起，而所谓的成长，就是让我们不断告别和舍弃一些人和事，也让我们不断地结识更多的朋友，拥有更多的友情。对于人生而言，舍弃是大智慧，面对失去的那些东西，我们也无须伤感，因为当我们一路前行，不断奔跑，我们必然会遇到与我们更加心灵契合的人。

人生中的每段经历，都有其特殊的意义

人生中没有任何一段经历是无用的，也许那些让我们悔不当初的事情，等到经历过后再回头去看，我们就会发现这些经

历对于人生有着与众不同的意义。最重要的在于我们要坦然接受这些事情的存在，要勇敢地迎接这些事情的到来，而不要总是怀着排斥与对抗的心态与自己较劲，否则就无法从容地享受人生，也无法让人生得到成长和提升。

如果问大家是否曾经有过让自己后悔的事情，相信每个人都会点头说是。这是因为人总是贪心的，对人生有太多的欲望和太高的要求，因而在面对人生的时候总是不断地沉沦下去。假如人们对于人生有太多的抱怨，就只能看到人生中不如意的地方。反过来，如果人们能够调整好心态，看到人生对自己的馈赠，那么他们也就能够更加积极乐观地面对人生，从而让人生变得充实而又快乐。

众所周知，这个世界上并没有卖后悔药的，很多时候我们会在情急之下做出让自己懊悔的举动，冷静下来以后并没有机会去改正。这样一来，我们唯有不断地砥砺前行，承受一切的责任和后果，才能更加从容面对人生。既然如此，我们当然没有必要陷入无尽的懊悔之中，人生有三天，昨天，今天和明天。毋庸置疑，昨天已经成为不可改变的历史，已经成为完全定型的过去，而今天才是我们真正能够把握的一天，也是人生中此时此刻正在流淌的唯一的一天。一个人，如果憧憬美好的明天，就必须过好今天，才能让今天为明天铺垫基础，否则，如果我们在今天懊悔昨天，那么非但无法改变昨天，也会因为错过今天而导致明天变得更糟糕。所以后悔是这个世界上最毫无意义的事情，与其花费宝贵的时间和精力去后悔，还不如让自己振作起来，立志反思，从而不断提升和完善自己，让自己变得更强大。

大学毕业后，小梦回到家乡，从事着最普通的工作。因为父母想让她留在身边，作为独生女的小梦从小就很孝顺，所以她没有坚持自己的梦想，也没有和同学们一样去大城市打拼。然而家里的生活虽然安逸，却稳定得令人乏味，每天三点一线的生活，让小梦觉得自己已经过上了退休后的日子。为此她很不甘心，也愤愤不平。然而，此时小梦进入了进退两难的局面，当初为了给她安排好工作，爸爸妈妈花费了巨大的人力和财力，四处托人找关系，现在如果再拍屁股走人，小梦觉得自己很对不起爸爸妈妈。如何才能让自己走得理所当然呢？小梦动起了心思。一个偶然的机会，同事给小梦介绍了一个男朋友，据说这个男孩在北京工作，而且很有才华。小梦几乎不假思索就同意了这门亲事，在还没有见到男孩的情况下，她就已经打定主意要借此机会离开家乡。

见到男孩之后，小梦觉得很失望，男孩身材瘦小，满头油腻，脏兮兮的。尽管父母很反对，但是小梦很想离开现在的生活，为此她不顾父母的反对，选择了闪婚。一个月之后，男孩从北京回家过春节的时候，他们就举行了婚礼。婚礼结束后，婆婆让小梦继续留在家里工作，小梦却说坚决表示自己要跟随着丈夫一起去北京。婆婆有些嫌弃地说："当初我们就是看上你有固定工作，才同意这门亲事的。"小梦也不甘示弱，说："当初要不是你儿子在北京，我也不会同意的。"除此之外，小梦还给新婚的丈夫做工作。就这样，婆婆终究拗不过新婚的小两口，小梦跟着丈夫去了北京。

到了北京之后，小梦才发现一切都与自己想象中相差甚远，这个男孩只是一个普普通通的包工头，根本不是名牌大学的毕业生。而且他生性邋遢，生活习惯很不好，不但抽烟喝酒，还弄得自己脏兮兮的。才在一起生活了半年，小梦再也无法忍受，就决定结束这段婚姻。离婚之前，小梦发现自己已经怀孕了，为了让这段婚姻彻底结束，小梦没有把这个秘密告诉任何人，而是独自去医院终止妊娠。这段失败的婚姻，让小梦遍体鳞伤，虽然她与那个男孩没有太深的感情，但是也对这段婚姻寄予了期望。离婚之后，小梦孤身一人在北京，无依无靠，四顾茫然。但是，她咬紧牙关不回老家，她发誓一定要在北京立足，要让自己活出个样子。

小梦学历并不高，只是大专毕业，因而找工作经历坎坷。在被人以招聘为名骗过，也经历了好几份不如意的工作之后，小梦终于在一家房产公司找到了销售的工作。经历三年的奋斗，小梦以优异的业绩在公司立足。她不但拥有了好的发展前景，而且还攒够了钱付首付为自己买了一套房子。销售工作是很历练人的，如今的小梦和当初的小梦完全不同了。小梦始终坚持努力刻苦，终于遇到了自己的真命天子。她与那个优秀的男孩一见钟情，坠入爱河，并且走入了婚姻的殿堂。一年之后，小梦生下了一个白白胖胖的儿子，婚姻生活圆满幸福。每当回忆起曾经失败的婚姻，小梦坦然地说：“如果没有那段失败的婚姻，也就不会有今日的我。所以我感谢那段挫折，也感谢曾经遭受的磨难。”

对于小梦而言，短暂的失败婚姻给她造成了很大的伤害，但是如果没有那段婚姻，她的人生也不会有今日的模样。所以小梦对此想得很开，也能够理智地面对自己。她知道人生苦短，唯有让自己经历更多，经验丰富，才能变得从容淡然。也许很多人的从容，都是在伤口结疤的基础上建立起来的，所以小梦很珍惜现在的生活，也从不抱怨以前的弯路。

每个人都曾经想拼尽全力回到过去，修补自己不那么完美的人生。然而，人生的每一段经历都不会白白经历，一个人虽然不能改变过去，但是却可以活在当下，把握未来。如果一味地沉浸在懊恼和痛苦之中，反而会错失人生中最好的机遇，也导致人生变得不可收拾。这个世界上没有真正完美的人生，很多朋友都曾经看过《蝴蝶效应》。在电影中，男主角一次又一次地选择回到过去，希望得到一个完美的结局，但是他尝试了很多次都无法避免糟糕的结果。为了保全所有人，他不得不在最后一次回到过去的时候把自己喜欢的女孩儿骂跑，因为只有这样才能避免最糟糕的结果。朋友们，人生就是由很多遗憾和缺憾组成的。如果你感恩现在的自己，就不要抱怨以前的自己，因为现在的你和以前的你之间有着千丝万缕的联系。没有以前的你，就没有现在的你，所以面对生活让我们遭遇的一切，我们应该始终心怀感恩，也要在疼痛中积累人生的经验，才能让自己在人生中不再迷茫。

生命的本质就是不断地失去，不断地得到

面对人生，很多人都渴望得到更多，从而满足自己的欲望和对金钱的渴望，而从未想过人生就是有舍也有得，就是要面对失去。人生如同一条河水，不停地流动，不停地流入，再不停地流出，正如古人所说的，为有源头活水来。生命的本质就是不断地失去，不断地得到，这样人生才能盈满盈亏，拥有活力。

很多人都认为，生命的本质就是追寻快乐。每个人哪怕拥有共同的起点，生命也未必有相同的结局，更不会到达同样的地方。那么，为何会这样呢？这并非取决于人的天赋，而更大程度上取决于后天的努力。对于每个人而言，唯有真正把握住人生，才能让人生有更好的改变。尤其是在面对失败的时候，更是要坚强面对，决不放弃，才能让人生有更多的可能性，从而使得人生收获更多，拥有更多。

在这个世界上，谁是最快乐的人？全世界的人都有快乐，也都有不快乐，但是没有人只有快乐，而没有任何不快乐。要想在人生之中更幸福快乐，就要拥有坦然的心态，才能从容面对人生的失去和得到，从而也会拥有更多。幸福快乐其实很简单，心态决定一切。否则，即使身处好的环境中，也不能得到快乐，反而与快乐渐行渐远。

赛尔玛跟着丈夫去沙漠中从军，每天生活在陆军的军营

中，既不懂得当地人的语言，也不适应沙漠中炎热的气候，为此她内心痛苦挣扎，非常烦恼。渐渐地，她越来越后悔与丈夫来到这荒无人烟的地方，后悔自己放弃了城市中充满着现代文明的生活。更糟糕的是，没过多久，赛尔玛的丈夫跟随队伍去沙漠腹地拉练，只剩下赛尔玛一个人留在军营里。炎热的中午，哪怕在仙人掌的荫凉下，温度都高得使人受不了。可想而知，赛尔玛的内心多么焦灼不安，多么心力憔悴。

百无聊赖、内心绝望的赛尔玛，只好给父母写信，诉说自己的苦恼，并且告诉父母自己想回家，再也不想继续留在沙漠里。很快，赛尔玛就接到了父母的回信。出乎赛尔玛的预料，父母并没有支持赛尔玛回家，信纸上只写着一句话："两个人同样身在监狱，一个人从监狱的窗户里看到泥土，一个人从监狱的窗户里看到群星。"看到父母的回信，起初赛尔玛很生气，觉得连父母都放弃她了。后来无聊的时候，赛尔玛把父母的信拿出来认真琢磨，这才意识到父母是在劝说她与其低下头去看泥土，不如抬起头去看群星，也许会发现不一样的惊喜。

领悟这个道理后，赛尔玛再也不因为父母的回信而生气了，相反，她渐渐地改变自己，主动与当地人交朋友。结果，她感到特别惊喜，因为当地人都很热情好客，而且还把非常珍贵的手工艺品送给她作为礼物。她与当地人成为朋友，生活再也不觉得无聊寂寞。她还开始研究沙漠中特有的植物，她尤其喜欢沙漠中的仙人掌，欣赏仙人掌高贵的品质。哪怕置身于沙漠这种恶劣的环境中，仙人掌依然能够顽强生长。她经常在清晨起床，欣赏沙漠中的日出，也深入沙漠，观赏海市蜃楼。总而言之，她爱上了现在的生活，越来越觉得新鲜。她整个人都不一样了，每天都非常快乐，对生活满怀信心。离开沙漠之后，她还根据自己在沙漠中生活的真实经历写了一本书。

原本，在沙漠中生活也并没有那么可怕，就是因为觉得内心乏味和寂寞，赛尔玛的人生才变得毫无兴趣可言。然而，在父母的启发下，她改变了对人生的态度，因而她的生活迎来了转折。她不再以悲苦的心态面对人生，而是积极乐观的迎接沙漠中的生活。虽然生活的环境没有任何改变，但是她更加坚强从容，也能够真正融入沙漠的生活中，生活也变得多姿多彩。

从赛尔玛的改变中不难看出，一个人只有改变心态，坦然面对人生的失去，才能从容得到人生更多的馈赠。最终，赛尔玛非但没有因为沙漠生活失去更多，反而发掘出沙漠生活的乐趣，从沙漠生活中得到更多。所以，人生之中无需过度奢求，只要拥有坦然的心境面对失去，就能让人生变得更理想。

从容面对得失，人生方能成功

很多人之所以对人生感到害怕和恐惧，是因为他们过于看重得失。在很多人心里，得到与失去是完全对立的两个词语，对于一件事情不是得到就是失去，对于人生当然是渴望得到更多，而不愿意失去任何已经拥有的东西。实际上，人生是在得失之间不断转换的。没有任何人能够保证自己在人生中只有得到，没有失去，既然如此，唯有端正心态，从容地看待人生的得失，才能够不因为人生的失去而抓狂，也不因为人生的得到而狂喜。每个人都应该更加关注人生的过程，而相对忽视人生最终的结果。这样一来，人们就会更容易获得成功，否则如果怀着一颗急功近利的心，不管做什么事情都在计算得到与失去，那么人生又如何能够避免在计算中失去磅礴的格局，并且为此而变得小肚鸡肠、不堪一击呢？

其实，在这个世界上，并没有真正的上帝，也没有所谓的造物主，所以一切的遇见都不是外力所能决定的。对于每个人而言，我们既无法预测人生未来会发生什么，也不能决定人生将来的走势，唯有坦然面对人生的得到和失去，才能够更加从容地应对人生，也才能够在人生之中拥有更好的发展。正如塞翁失马之后所说的那样，有的时候得到也是失去，失去也是得到。毋庸置疑，所谓的福和祸其实是相依相伴的，所以在人生得意的时候，我们无须过度狂喜，更不要对他人趾高气扬。在人生遭遇失意的时候，我们也不要盲目地悲伤，更不要自我放弃，让自己在厄运中变得彷徨。有的时候福气和灾祸会相互转化，得到和失去也同样如此。当换一个角度看待事情的结果，我们就不会因为失去而感到愤愤不平，也不会因为得到而内心狂喜。很多时候，不妨换一个角度来看待问题，也许就能更加淡定从容，也不至于因为所谓的得失而产生情绪波动。

战国时期，有个老人住在北部的边塞，靠着养马为生。日久天长，路过边塞的人都找老人买马，渐渐地老人的名气越来越大，人称塞翁。塞翁养了很多马，有一天，他突然发现少了一匹马。在当时，马是非常珍贵的财产，因而邻居们听说塞翁有这么大的损失，纷纷跑来安慰塞翁不要过度伤心，要以保重身体为重。不想，塞翁并不像大家所想的那样伤心，反而笑着对邻居们说："没关系，失去一匹马，也许会带来福气呢！"听到塞翁这么说，大家都觉得很奇怪：丢掉马原本是一件非常糟糕的事情，为何会变成好事呢？这个老头一定是伤心糊涂了，在自欺欺人呢！

没过几天，塞翁丢失的马突然回来了，而且还带了一匹胡人的骏马回来。得知塞翁平白无故得到一匹骏马，再想想塞翁前几天说丢掉马也许会变成好事，邻居们都觉得很震惊：塞翁难道是个预言家吗？居然能把话说得这么准！在邻居的道贺声中，塞翁说："平白无故得到一匹马，也许会招致灾祸，这有什么好恭喜的！"邻居们纷纷捂嘴窃笑："这老头可真狡猾，得了便宜还卖乖，这一匹骏马可值不少钱呢！"不想，没过几天，塞翁的独生子骑骏马时不小心摔断了腿，从此以后卧病在床，变成了瘸子。得知塞翁遇到如此残酷的变故，邻居们又来安慰塞翁，不想，塞翁却面色平静地说："也许摔断一条腿，最终却能换回一条命呢！"听了塞翁的话，邻居们全都确定塞翁一定是伤心糊涂了，所以才会说出这样不相干的话来。

没过多久，匈奴入侵边塞，村子里的青壮年全都应征入伍，在战场上丢掉了性命，而塞翁的儿子却因为是个瘸子，得以留在家里，避免了上战场的噩运。就这样，塞翁和儿子幸福地生活在一起。

塞翁无疑是人生的智者，在失去一匹马之后，他并没有盲目地悲伤，而在得到胡人的骏马之后，他也没有因为占了便宜而狂喜。在儿子摔断了腿时，他能够预见到也许灾祸会转化成福气。最终儿子因为摔断了腿，得以逃脱去战场上打仗的厄运，因而保全了性命。不得不说，人生中的很多事情都是会相互转化的，所以得到也是失去，失去也是得到。每个人唯有端正心态，从客观公正的角度看待问题，鞭辟入里地分析问题，才能不仅仅局限于得失之间，也才能让人生避免患得患失。

从本质上而言，这个世界遵循着能量守恒定率，并没有绝对的得到与失去，所谓的得到与失去，只是相对而言的。能量会在人们之间相互转移，保持着恒定，在这种情况下，我们唯有看淡失去，也不看重得到，才能让自己保持淡然的心境。所以平常心并不是伪装出来的从容，而是能够把得失置之度外，从而集中所有的精力去做该做的事情。当我们怀着坦然从容、随遇而安的心境，也许成功就会不期而至。

第8章

逼自己一把，才能在涅槃中获取新生

森林中，如果一只兔子被一匹狼追赶，那对于这只兔子而言，就是一场竞跑，跑慢了就会没命，所以它不敢偷懒，它已经没有退路了，只有不断向前跑，才能活命下来。其实，做任何事情都是一样的道理，当我们全力以赴，破釜沉舟，就一定能成功。假如我们心中先有预想，万一失败了，已经找好了退路，那么成功就比较困难。因为对于大多数人而言，退路往往是诱惑人、蒙蔽人的因子，只要想到了退路，就会觉得这次不全力以赴还会有下次机会，而在这个时候，成功往往与我们失之交臂。所以，困境中，你不妨逼自己一把，让自己获得涅槃新生。

逼自己一把，才有获得新生的可能

在传说中，龙和凤凰都是神物，龙能上天入海，凤凰则需要浴火涅槃。自古以来，就有凤凰涅槃，浴火重生的说法。其实，凤凰是否真的存在，无人知晓，但是做人要想和凤凰一样获得新生，就要敢于涅槃，敢于锤炼自己。有一种人人都喜欢的动物和凤凰一样，也是敢于忍受痛苦重获新生的，而且这种动物也能在天空中翱翔。这种动物就是老鹰。老鹰的寿命很长，可以达到七十岁。但是，老鹰身上的各个部件在到达四十岁的时候，就会退化。例如，老鹰的爪子会失去力量，也不够锋利，无法抓住动物。老鹰的喙会变得很长，而且特别弯曲，简直要伸到老鹰的胸膛上，根本不好进食。老鹰的羽毛也因为长年累月地生长，变得非常沉重，翅膀也会失去力量。为此，老鹰要想和年轻力壮的时候一样生存，几乎不可能。

处于这个阶段的老鹰面临两个选择，一个选择是无所作为，等死；一个选择是用将近半年的时间，让自己获得新生。在这个半年的时间里，老鹰会失去喙，失去爪子，失去羽毛，再等待这些东西重新长出来。可想而知，在此期间老鹰会面临很大的危险，随时都有可能失去生命。但是，这不能阻碍老鹰获得新生，因为它如果什么都不做，就是必死无疑。所以明智的老鹰选择冒险，这样也许还会得到新生。为了让陈旧的喙脱落，老鹰要用喙敲击岩石，这样才能让喙脱落。在此过程中老鹰会非常痛苦，但是它没有停止，因为它知道此刻忍受痛苦是为了将来能够生存。在长出新的喙之后，老鹰会以喙为武器，用喙拔掉自己的爪子。等待爪子长出来之后，老鹰再用锋利的爪子把自己身上的羽毛一根一根地撕扯下来。就这样，老鹰终于有了新的喙、爪子和羽毛，它重新充满生机，再次翱翔在天空中。经历这样痛苦的半年时间，在此后的三十年里，老鹰可以生存得更好。这是一种博弈，是与自己的赌博。

其实，不管是人还是动物，要想获得新生，就必须勇敢地打破一个旧的我，成就一个新的我。当然，任何时候，打破自己都是难度很大的事情，作为一个独立的生命个体，我们除了要多多观察这个世界之外，也要时常反思自己，才能让自己获得成长。

古人云，天将降大任于斯人也，必先苦其心志，劳其筋骨，饿其体肤……作为一个普通人，我们未必有机会能够获得轰轰烈烈的成功，但是梦想总还是要有的，万一实现了呢？在通往梦想的道路上，哪怕跪着也要走完，哪怕付出再多的辛苦和努力，也绝不要放弃。当熬过人生中最艰难的境遇，我们就会进入山穷水尽疑无路，柳暗花明又一村的圣境，也才会让自己充满了内心的力量，变得更加坚强勇敢，无所畏惧。

当然，人生的道路总是很难走的，没有人能够在人生成长的道路上走得很平顺，更多的时候，不如意是人生的常态，我们必须学会接纳命运赐予的一切，坦然面对人生之路，这样才能强大自己的内心，让自己变得更加勇敢无畏。正如大文豪鲁迅先生所说的，这个世界上本没有路，走的人多了，也便成了路。这告诉我们，即使面临无路可走的艰难处境，也不要轻易放弃，而是要坚信自己只要笃定和努力，只要始终坚持绝不动摇，就一定能够守得云开见月明，进入人生中更好的成长和发展阶段。记住，对自己狠一点，有涅槃的勇气和毅力，我们才能真正获得新生！

真正的强者，从不给自己找借口

古往今来，很多人都获得了成功，他们的成功各有各的原因，却也有共同点，那就是他们从来不为自己找借口。正如人们常说的，成功者只为成功找办法，而不为失败找借口。在人生成长的道路上，尤其是在追逐成功与梦想的过程中，很多人都会陷入各种各样的困境，甚至还会遭遇失败的接踵打击，失败者就此一蹶不振，不但避开了失败，也彻底与成功绝缘。而那些有成功潜质的人，总是会在失败的过程中积累经验和教训，也积极地面对失败，让自己不断反思，努力提升，从而踩着失败的阶梯继续前进。

毋庸置疑，人人都渴望成功，但是成功从来不是一蹴而就的，更不是从天而降的。每个人不管有没有天赋，也不管是否有好运气，要想获得成功，就必须努力和坚持，才能在成长的道路上不断地进取。不得不说，人是有惰性的，而且有趋利避害的本能。每个人在为自己找到一个借口之后，轻而易举就原谅了自己，为此在此后的人生中还会情不自禁为自己找借口。渐渐的，他们就不会拼尽全力去努力，而是会在糟糕的结果出现之后，就当机立断找借口，为自己开脱。他们当然会对人生懈怠，也会在人生的道路上迷失。真正对自己负责任的朋友，不管做什么事情都有着较真的态度，也总是全力以赴，争取得到最好的结果。即使面对失败，他们也会主动反思自己，总结经验和教训，而不会以轻飘飘的借口就结束整件事情。

现实生活中，很多朋友都会感到困惑，因为他们不知道自己为何总是与失败结缘，而其他人则总是有好运气能够得到命运的青睐，也常常轻轻松松就获得成功。不得不说，我们所看到别人的成功只是一种表象，在现实生活中，没有谁的成功是一蹴而就或者轻松得来的，他们在成功之前一定付出了长久的努力和坚持，也始终在不遗余力地努力向前。最重要的在于他们从来不会为自己开脱，而是努力寻找事情失败的原因，不断提升和完善自己。这样的人生，才是更加脚踏实地的，也才会一步一步坚持向前。

在工作中，小刘犯了一个很严重的错误，为此他当即向上司解释："张总，我不是故意的，我真的很想把事情做好，可能是因为我最近接连加班太累了，所以才会一时疏忽。"听到小刘的话，张总脸上明显表现出不高兴。张总对小刘说：

“哦，那你给我这样的一个解释，到底是想到达怎样的结果呢？”小刘说：“张总，我上有老下有小都需要养活，希望您能原谅我，不要扣掉我的奖金。”听到小刘这么说，张总忍不住露出一个不屑一顾的神情，张总毫不客气地说：“小刘，公司的制度你是知道的，不要说是你犯错误，就算是我自己犯错误，我也是无法逃避惩罚的，否则其他同事就会感到不公平。”小刘听到张总的话，表现出很失望的样子。张总依然在例会上公布了对小刘的处罚决定，也要求其他同事都引以为戒。经过这件事情，原本很器重小刘的张总，对小刘的态度有了明显的改变。再有艰巨的工作任务时，张总很少分给小刘去做。

在这个事例中，小刘之所以被张总嫌弃和否定，是因为小刘再犯了错误之后，没有第一时间承认错误，也没有主动地承担责任，反而恳求张总不要惩罚他。不得不说，这样为自己辩解的姿态，这样犯了错误之后不能勇敢承担的状态，让小刘在张总心目中的形象一落千丈。人在职场，并不能保证自己把每件事情都做得恰到好处，难免会犯各种各样的错误。但我们一定要端正心态，摆正态度，主动承担后果，这样才能全力以赴做好自己，也才能有的放矢地使人生圆满。否则总是不断地推卸责任，不想承担后果，那么作为领导也会厌恶这样的员工，再有了艰巨的工作任务需要分派的时候，更不会分派给这样的员工。

有压力才会有动力，对于一个不愿意承担责任的人而言，是没有压力的，自然动力也会不足。不管因为任何原因犯下错误，都不要不假思索为自己辩解和开脱，唯有先主动承担责任，承担后果，我们才能树立自己的坚强形象，也才能赢得他人的信任和认可。记住，我们是人，而不是神仙，正所谓人非圣贤，孰能无过，我们只有端正心态面对人生的各种困境，积极主动支撑起人生的脊梁，人生才会获得更好的发展，也才能拥有更多的收获。记住，借口是最容易找的，几岁的幼儿就会在犯错误的时候为自己找借口，但是他们作为孩子可以被原谅，而我们作为成人却很少能因为借口而为自己开脱。人要想成为大写的人，就要挺直脊梁，越是在艰难的境遇里越是要勇敢面对自己，这样人生才会有大格局。

命运兴衰，人生苦乐，全都取决于自己

每每说起“命运论”的时候，有人质疑，有人认可，也有人保持中立。其实，重要的不是真相究竟是什么，而是你相信什么？人生中的很多事情都是这样：信则有，不信则无。显然，命运也是其中一种。面对失意、面对失败，有人推诿于命运，有人归咎于他因，寻找原因总是很容易的，因为谁也不用负责任，说说就好。真正伟大的人却是明明知道“命运”的存在，但依然不信命，依旧热爱并不完美的命运。这样的人物，历史上比比皆是，生活中也是信手拈来，说来似乎很常见，但真正发生在你身边时，你还是会为他动容，为他着迷，想要为他喝彩。在这许多人中，张幼仪便也是其中一个。

张幼仪，女，1900年生人，每每被提起时，身上最大的标签就是“徐志摩前妻”“徐志摩原配”。正是因为徐志摩和林徽因的风流往事，更多的人认识到了她，将她与徐志摩生命中的几个女人作比较，评价她既没有林徽因的才情，也没有陆小曼的风情，只是徐志摩的“弃妇”，一个被徐志摩嫌弃为“土包子”的封建家庭大家闺秀。显然，这一切评价对她而言都极其的不公平，极其的片面。你相信一个说出：“人生从来都是靠自己成全”的女子会是一个逆来顺受，什么都不懂的无知妇女吗？事实上，就在坊间忙着议论她的前夫与其他女人的风流韵事的时候，她正在奋力改写自己的命运。于是，有谁能想到，前半生走过重男轻女的家庭，经历过不幸婚姻的张幼仪，后半生却摇身一变，成了上海首屈一指的女士服装公司总经理和女子商业银行的女总裁。

然而，天上从不会平白掉下幸福和机遇。正如她所说的：“人生从来都是靠自己成全。”年幼的张幼仪出生在宝山县的一个富裕家庭，看似什么都不缺，令人羡慕。但生在其中的辛酸与无奈也只有她自己知道。就像多年以后，她在自传里写的：在中国，女人家是一文不值的。她出生以后，得听父亲的话；结婚以后，得服从丈夫；守寡以后，又得顺着儿子。你瞧，女人就是不值钱。对此，张幼仪并不是说说而已，因为她的前半生，就可以这样被总结。但是好在，她从没有选择认命，从没有就此放弃改写自己的人生。

曾经十二岁的她在报纸上看到有一所学校的招生启事，收费低廉到让她父亲不好意思拒绝。于是年幼的她便懂得主动努力，准备考试，最终顺利被录取，千方百计为自己争取到了受教育的机会。原以为就此挣脱了封建家庭的束缚，不曾想却还是被一纸婚约送进了包办婚姻的围城，无可奈何又避无可避。而这段婚姻的结果众所周知，张幼仪不仅因此被迫中断了自己的学业，浪费了大好前程，更是在生完两个儿子以后，惨遭徐志摩的抛弃，成为别人口中的“可怜人”。

殊不知，张幼仪坚信：命运兴衰，人生苦乐，全都取决于自己。对婚姻生活彻底死心后的张幼仪很快调整好自己的生活重心，一边照顾孩子，一边学习德文，甚至还考上裴斯塔洛齐学院。学习期间，她学着去听歌剧，去看艺术展。最终，在陌生的异国他乡，她的魅力不仅征服了周围的朋友，甚至还有当初那个讽刺他的前夫徐志摩，他对友人说：“C（张幼仪）可是一个有志气有胆量的女子。”然而，命运并没有就此格外关照起张幼仪。在国外生活期间，她的幼子不幸夭亡。自此，了无牵挂的张幼仪选择了回国发展。她回国与自己的八弟还有朋友一起合开了一间服装厂。原本只是想挂名占个股份，为自己留一份保障，却在服装厂的经营期间意外发现了自己的商人思维。她开启私人订制的创新服务，革新了原有的服装面料，款式上倡导中西结合。由此，“云裳”很快就成了上海首屈一指的女士服装公司。曾经被嘲讽为“土包子”的张幼仪，如今却引领着上海滩的时尚潮流。如此讽刺却又如此励志。

在商界获得初步成功的张幼仪很快又遇到另一个发展机

遇，濒临倒闭的上海女子商业银行找到张幼仪，希望她能够担任银行的总裁一职，拯救他们于水火之中。自此，张幼仪再度走入大众视野。人们也才惊讶的发现，她早已不是当初那个唯唯诺诺又自卑的“土包子”，而是一个自信满满又能言善辩的女总裁。在张幼仪的努力经营之下，女子银行很快就扭亏为盈，并且创造了当时金融界的奇迹——储蓄资本超过两千万。由此，张幼仪成为受人瞩目的新时代女性，成功改写了自己原本悲惨的命运。

鲁迅先生曾经说过：真的勇士，敢于直面惨淡的人生，敢于正视淋漓的鲜血。无独有偶，罗曼罗兰也说过：真正热爱生命的人，是认清了生命的真相之后，却依旧选择热爱生活的人。这两段文字，阐述不同，表达的本质却是一致的：勇气，是我们敢于和命运抗争的第一人为因素。都说，命由天定，我们却依旧有能力、有机会去选择不相信。因为只有敢于质疑，才有改变命运的可能。而只要勇敢改变，你会发现，命运最终还是掌握在我们自己的手中，从来无关他人。

狠狠心，一定会苦尽甘来

曾经有个朋友跟我抱怨，说他自己本科毕业已经一年了，却还没有找到工作，恋爱多年的女友也分了手。满心的愤恨都是怪自己没用，怪家里没关系，不能给他安排一个好的工作，怪这世界太过现实，自己的人生已经没救了。我回他："你自己有手有脚为什么不出去自己找工作。想赚钱就自己拼，靠家里人算怎么回事。专业不对口就从基层开始做起，觉得不合适就尽早转行。能力不行就好好吃苦锻炼，学历不够就花时间好好学习，不断提升行不行？"虽然他被我回的不再说话，但是我知道他的心里一定想着："拜托，我才刚刚毕业，还要去培训，才不要嘞。"

很多时候我们之所以会绝望，从不是真的无路可走，而是面前能走的道路都不想走。因为面前能走的路似乎都太苦，看似舒服的想走的路却没有挤过去的能力。这样的人们在社会里面有很多，既不愿意用吃苦去换未知的幸福，也偏偏没有能力去走自己期待中看似美好的道路，这才开始对人生绝望，对社会绝望。其实，如果真的一时找不到合适的工作，那么一边找一份能够谋生的工作，一边提升自己的专业技能并不断地投简历找自己专业对口的工作，这样努力的人生难道不比窝在出租屋里守着一堆可乐方便面打游戏，然后抱怨父母，抱怨社会的颓废生活好吗？

遇到困难挫折的时候，别再抱怨自己的父母和社会了。这世界上的富二代没有多少个，想要通过给自己扣个穷二代的帽子，就心安理得地放弃努力，未免对自己人生的可能性也太过轻视了。

我有一个表妹说要考一级建造师，考了三年都没过，这让她一度很怀疑人生。但是我知道，看似花了三年的时间，其实根本就是混了三次考试机会。她每次都是吊儿郎当地翻着书，每天回家花一点时间就说已经完成了当天的学习计划，然后在临考前的半个月开始临时抱佛脚，指望最后的冲刺能够有理想的结果。结果当然是不可能，她也耽误了三年的时间。

每次她跟我抱怨没过的时候，我都会直接指出她的失败原因，然而她却并不认可，回嘴回的比我说的还多：我平时工作那么忙，哪有什么时间看书。白天忙了一天回来，晚上的时候我就想玩玩游戏放松一下，这也有错吗？同学朋友聚会，大家都去了，就我一个人不去，这也不合适呀。周末领导安排活动，整个部门的人都积极参与，就你不去，你也太不识相了吧。直到三次接连的失败，她终于受不了刺激，痛定思痛，准备静下心来，认真备考一次。这回，表妹铁了心一定要过。于是，她给自己制定了详细的学习计划表并准备坚决执行。每天早上早起一个小时看书，直到上班。下班以后坚决不碰游戏，将所有的课余时间都用来看书。考试通过以前，保留的娱乐活动就是看点课外书以及推不掉必须要去的“应酬”。因为要上班，看书的时间可以灵活调整，但是一定要保证每日有效学习两小时，周末加倍。

自从定下了这个学习计划表以后，表妹坚决按照计划执行。有时候碰上加班，回到家已经很晚了，还要再继续学习两个小时。姑妈以前经常骂她不上进，回来就知道玩，现在看她正儿八经学习，有时候回来已经疲惫不堪了还要再熬着继续学习，又心疼得不行，反过来劝她不要再学习了。但表妹这次却铁了心地坚持了下来。整整大半年的时间，她没逛过一次街，没追过一部剧，没玩过一次游戏，见证了这个城市的凌晨和黑夜。考试之前，表妹说我这次一定能过，最终的结果也的确过了。当她在朋友圈晒成绩的时候，我到下面留言、点赞，真心为她高兴与喝彩。

人生从来都是很公平，该是你吃的苦吃完了，该给你的也就一定会给你。很多时候，并不是我们真的不行，其实只是对自己不够狠。舍不得下狠心逼自己前进，舍不得下狠心让自己放弃轻松与享乐，舍不得下狠心让自己学会自律，最终的结果也只能是失败与遗憾。

很多时候我们之所以会绝望，会认为自己的人生一事无成。其实并不是真的无路可走，其实只是能够走的那条路看似很苦，所以被我们自动屏蔽了。这时，其实我们只要下点狠心，逼迫自己走上这条看似吃苦的路，首先将这阶段需要吃的苦吃下去，再来考虑该有的追求和收获，最终，相信这样有狠劲的我们，一定能够苦尽甘来。

第9章

人生没有绝境，可能你只是需要改变自己

我们都知道，在人生道路上，困难和挫折是难免的，尤其是希望有一番成就的人们，更要有心理准备，人生会起起伏伏，我们无法预料，但是有一点我们一定要牢牢记住：人生没有绝境。当你遇到逆境时，千万不要忧郁沮丧，无论发生什么事情，无论你有多么痛苦，都不要整天沉溺于其中无法自拔，不要让痛苦占据你的心灵。即便身处绝境，我们也要有勇气直面困难并且做到一直向好的方向行进，这才是一种努力达到和谐的状态，那么，你最终将战胜困难，走出困境。

不要指望别人，依靠自己的力量解决问题

现实生活中，每当遇到困难时，人们总是情不自禁地四处求助。然而，对于任何人而言，真正能够帮助自己的只有自己，因为他人的帮助也许能帮我们一时，却不能帮我们一世。任何时候，我们唯有鼓起信心和勇气，勇敢地面对困难，依靠自己的力量去解决问题，才能成为人生真正的强者。记住，人生强者的力量并非来自于外界，而是来自于他的内心。所以我们不要因为总是向他人寻求帮助而形成依赖性，否则我们自身的力量就会越来越弱。在这个世界上，只有你自己能够拯救你，别人只能起到帮助和辅助的作用。认清这一点之后，我们才能断绝自己的退路，从此之后一往无前，无所畏惧。

很久以前，有个人遇到了为难的事情，因而想去庙里求菩萨帮忙。来到寺庙里，他虔诚地跪倒在菩萨面前暗暗祈祷。当抬眼看着菩萨时，他用眼角的余光发现，和他一起跪在菩萨雕像面前的那个人，看起来非常像菩萨。他好奇地问："你也是来求菩萨的吗？"那个人转过脸来，对他点点头。他由此得以看清楚那个人的正面，更加确定那个人就是菩萨。惊讶之余，他忍不住问："你是不是就是菩萨呢？"菩萨又点点头，笑而不语。这个人更惊讶了，说："人人有事都来求您帮忙，

您为什么要自己跪着自己呢？”菩萨笑着回答：“求人不如求己。”虽然这只是一个传说，但却为我们揭示了深刻的道理。这个故事告诉我们，这个世界上并没有真正的神仙，也没有救世主。任何时候，我们与其依靠他人来帮助自己解决问题，还不如发掘自身的力量，最终依靠自己的力量解决问题。

在这个世界上，没有人的一生会是一帆风顺、顺遂如意的。每个人都会遇到很多困难和挫折，唯有积极主动地想办法解决问题，才能够拯救自己。然而遗憾的是，有些人总是把希望寄托在别人身上，一旦遇到小小的困难，马上就会想到向别人寻求帮助，最终他们如果得到别人的帮助，也许能暂时渡过难关，而如果被别人拒绝，却会错过自己救自己的最好时机。从这个角度上来说，一个人面对挫折的态度，决定了他最终的结局，所以面对人生的不如意，我们一定要理智从容，这样才能给自己最好的交代。

现代社会，很多年轻人都习惯于啃老，尤其是生活压力越来越大，职场竞争更加激烈。在大城市里，房价节节攀升，年轻人要想为自己买房安家，不得不依靠父母的帮助。然而父母哪怕再怎么爱孩子，也只能陪伴孩子一程，人生的道路归根结底只能依靠孩子自己走完。从这一点出发去考虑，很多明智的父母绝不溺爱孩子，在孩子小时候他们就会有意识地培养孩子独立自主的能力，也引导孩子依靠自己的力量解决问题。这样的教育方式下，孩子长大之后才不会去啃老，也不会把所有问题都抛给老人去解决。反过来，对于每个父母而言，孩子的自立自强才应该是他们最希望看到的。所以不管作为孩子，还是作为父母，我们都要积极地创造条件，努力主动地改变自己的命运，才能真正走出人生的困境，也才能真正在人生中有所收获。

看到这里，相信很多朋友都会恍然大悟，既然在这个世界上对我们最无私的父母都不能永远帮助我们，那么有谁是我们可以依靠一生的呢？答案当然是没有，也就是说这个世界上没有任何人能够照顾我们一生。人和人之间的缘分有深有浅，关系有亲有近，但是每个人都是独立的生命个体，这是不可改变的本质。我们唯有认清楚自己在这个世界上的姿态，才能真正拯救自己，也才能让自己拥有更美好的未来。

仅从心理学的角度而言，每个人的脾气秉性并不是相同的，所以每个人的依赖心理也是不同程度的。依赖心理强的人，面对问题的时候总是不断地偷懒和妥协，或者是无限拖延下去。而自立能力更强的人，面对问题则会当机立断地解决，绝不会把解决问题的希望寄托在他人身上。因而要想让人生更加坚决果断、独立自强，首先我们要培养凡事依靠自己的好习惯，当被别人拒绝帮助的时候，也不要觉得别人就是自私的、无情无义的。记住，别人帮助我们是情分，不帮助我们是本分，没有谁规定一个人必须帮助另一个人。

人生的不幸在降临之前从来不会发预告，有的时候人们会猝不及防地发现自己无路可走，被逼入绝境。在这种情况下，真是叫天天不应，叫地地不灵，只能依赖自己，依靠自身的坚强力量，走过坎坷和挫折，走过人生的艰难困境。记住，这个世界上并没有真正的绝境，每个人只要愿意，就能够发挥自身强大的力量，从而找到切实有效的办法克服困难。正如台湾诗人舒婷所写的那首《致橡树》，在诗中，舒婷表达了自己对于爱情的理想和渴望。她不愿意成为攀援的凌霄花，而要以树的形象与自己所爱的人比肩相立，根在地下相连，枝叶在空中遥相致意。不得不说，这是非常美好的爱情意境。作为女性，在婚姻中一定要有自己独立的地位和独立的个性，尤其是在经济上更要实现独立。所谓经济基础决定上层建筑，如果一个女人在经济上依赖于男人，那么她在家庭生活中就很难得到平等的地位和对待。所以作为现代的女性，一定要摆正自己的位置，而不要把婚姻作为长期的饭票。当然，不管是男性还是女性，都要勇敢坚强，才能真正变得强大起来。

正面思考，给自己积极的自我暗示

在心理学中，所谓暗示就是潜移默化影响人的心理和潜意识，从而让人的行为和心理发生改变。在现实生活中，每个人都会给自己一些暗示。暗示分为两种，一种是积极的暗示，一种是消极的暗示，所谓消极的暗示就是把事情往坏的一方面想，总是纠结于自己不曾得到的或者已经失去的。相反，积极的暗示则是把事情往积极的方面去想，从而让自己更加满足，更加乐观。当然暗示并非是有意识进行的，而是在不知不觉中进行的，暗示的特性也使得暗示对人的影响润物细无声，总是在悄无声息中改变人外在的行为表现。正因为这样的性质使然，所以暗示对人的影响很难改变和消除。

在生活中，我们应该有意识地运用积极的暗示。在人生之中，当人生充满了积极的暗示，生命就会变得更乐观向上，人生也会春暖花开。由此可见，积极的暗示对人生有着特殊的意义，所以在面对人生的时候，我们一定要养成乐观思考的好习惯。否则，一旦形成消极的坏习惯，使得我们接受的暗示都是消极的，那么我们的人生也就会因此陷入负面的影响之中，受到更多的损失和伤害。

最近这段时间，乔治失去了工作，处于失业的阶段，为此他不得不接受街道办事处给他推荐的保姆工作，主要负责照顾一位老先生的饮食起居，并且在白天的时候帮助老先生做好所有的家务事。从职场人士成为老先生的贴身保姆，乔治经历了一段适应的时间，后来在与老先生相处的过程中，他渐渐地感受到乐趣，居然喜欢上了这份工作。

老先生年纪很大，有些返老还童的表现，因而总是做出让乔治高兴和开心的事情。在与老先生相处的过程中，乔治也学会了很多人生的智慧，以及与老人相处的技巧。有一天，已经深夜了，老先生突然来敲乔治的门。他皱着眉头对乔治说："我每天晚上都需要吃安眠药才能入睡，但是我的安眠药已经吃完了，今天我没有安眠药，你有没有安眠药可以给我吃呢？”乔治向来睡眠良好，从来没有吃过安眠药。他原本想直截了当拒绝老先生，但是看到老先生痛苦的样子，他突然想到一个好办法，因而对老先生说：“老爷爷，你可真有福气，我的朋友刚刚从国外给我带回来一种最新型的安眠药，据说疗效特别好。本来我自己还不舍得吃呢，既然你睡不着觉，我忍痛割爱赠送给你一粒。你先回去，我马上找出来送给你。”老先生走了之后，乔治从装着维生素的瓶子里拿出一粒药片，然后送给老先生说：“你只要吃了这种药，保证你一晚上都睡得又香又甜，就像孩子一般。”老先生对乔治千恩万谢，马上就吃下了那粒维生素。果然，当天晚上他的睡眠好极了。从此之后，老先生特别喜欢吃乔治专供给他的安眠药，而从来不知道那个安眠药就是普通的维生素。但是只要老先生拥有良好的睡眠，不管是吃安眠药还是吃维生素，又有什么重要的关系呢？

在这个事例中，乔治使用维生素代替了安眠药，给老先生服用。毫无疑问，维生素并不能真正起到安眠药的效果，只能给老先生积极的心理暗示，使老先生的睡眠状况有所改善。由此可见老先生的失眠并不是因为身体的原因，而是因为他的精神原因导致的。所以在积极的心理暗示下，老先生的睡眠状态才得以改变，睡得越来越香甜。

不可否认，暗示的力量是非常强大的，而且是让人无法抗拒的。现实生活中，每个人都会遇到很多为难的事情，假如能够积极地暗示自己，那么他们就会拥有强大的力量，在人生中也会保持愉悦的心情，快乐地度过每一天。否则，如果总是给自己消极的心理暗示，那么他们的心情就会越来越糟糕，也会导致他们在人生中的表现变得更糟糕。实际上，快乐并不是从外界得到的，而是来自于我们的内心。每个人只要进行积极的心理暗示，就能够拥有快乐；每个人只要让自己的内心变得更强大，就能够越来越接近成功。

唯有乐观和自信，才能支撑我们熬过人生的坎坷

在这个世界上并没有真正的绝境，正所谓山穷水尽疑无路，柳暗花明又一村，只要我们站在正确的角度上看待问题，就能找到解决问题的契机。只要我们摆正心态面对人生，就会给人生带来更多的惊喜。哪怕是真的处于相对的绝境之中，只要能够积极地解决问题，那么就能够打破绝境，从而为自己找到人生的出路。与此相反，假如我们紧张焦虑，甚至沮丧绝望，不敢正面面对绝境，那么我们的人生必然是阴沉暗淡，甚至由此之后进入死胡同。看到这里，也许很多朋友都会觉得困惑：刚才不还在说人生没有绝境吗？现在怎么又说人生进入死胡同了呢？其实，这并非是自相矛盾，而只是意味着我们要调整好自己的心态，才能在保持冷静的情况下理智思考，最终找到走出绝境的办法。正如前文所说的，人生是熬出来的，唯有积极乐观和自信，才能支撑我们熬过人生的坎坷泥泞，也才能帮助我们在人生中有更多的收获。

要知道，如果上帝为我们关上了一扇门，那么他就一定会再为我们打开一扇窗。毋庸置疑，这句话一定是拥有积极心态的人想出来的。因为他们能够在绝境之中看到希望，并且为自己创造更多的机会。从本质上而言，所谓的绝境只是我们不够坚强才会出现，尤其是当我们无法承受责任时，内心的大厦就会轰然崩塌。陷入绝境也没关系，因为只要心中始终怀着希望，意志始终坚定，那么我们就能顺利打破人生的绝境，也由此获得人生的希望。

作为中国的跳马王，桑兰曾经在跳马比赛上为祖国赢得了很多荣誉。1997年，在参加美国纽约的友好赛时，桑兰因为起跳时稍有迟疑，结果导致头部着地、颈椎粉碎性骨折，从此之后高位截瘫。对于一个原本如同精灵一样在跳马比赛中跳跃的女孩，突然之间却不得不面对高位截瘫，从此被固定在轮椅上，可想而知，现实是多么残酷。作为十七岁的少女，桑兰正值人生的花季，原本她还梦想着为祖国赢得更多的荣誉和金牌呢！任何人面对这样的人生突变，都会感到沮丧绝望，然而在从昏迷中醒来过后，桑兰非常坚强，她不但没有流泪，反而微笑着面对公众。她躺在床上一动也不能动，却始终心系着跳马比赛。她一直坚信自己能够站起来。的确，后来的实际行动也告诉每一个，桑兰真正站起来了。她虽然被禁锢在轮椅上，但是她的心却四处飞翔。

受伤之后，桑兰在美国接受了为期十个月的治疗，等到病情稳定之后，她就离开美国，回到国内进行康复训练。后来，她又竭尽所能实现自理，进入北京大学新闻系进行学习。尽管身体不便，但是桑兰对待学习认真刻苦，并不因为身体的残疾，就让自己变得懈怠。几年之后，她顺利从北京大学新闻系毕业了。2008年北京申请奥运城市时，桑兰还作为奥运官方网站的记者，用自己的方式继续参与着奥运运动。

如今，桑兰已经与经纪人组建了家庭，并且顺利地生下了儿子，像所有女人一样，她也拥有自己的幸福，拥有让自己感到满意的三口之家。曾经，无数人为桑兰的未来担忧，而桑兰却以自己的实际行动告诉每一个人，她真正站起来了。

桑兰之所以能够在绝境之中站起来，从来不曾被打败，就是因为她始终保持乐观的心态。她在经历短暂的运动员生涯之后，并没有放弃对人生继续努力，而是勇敢地开疆拓土，从而让人生进入新的发展阶段。从本质上而言，每个人都掌握着自己的命运和人生，面对生命中出现或大或小的困难，弱者让自己从此沉沦，强者却将其作为人生特殊的考验，从而鼓励自己超越绝境，解决困难。微笑着面对生活说起来虽然很简单，但是实际上每个人都必须真正坚强且独立，才能怀着坚定不移的信念永远屹立于人生之中。

每个人都应该记住，逆境不是人生的绝境，任何时候，我们只有心怀坦荡，才能够天高地远。否则，如果我们把自己禁锢住了，面对绝境的时候，悲观绝望就会无限放大，我们又怎么能够超越自己呢？在这种情况下，我们更无法把控人生。任何时候，我们都应该采取积极的态度面对人生，越是在遭遇人生的坎坷挫折和意外时，我们越应该把握机遇，才能让自己活得精彩洒脱。

戒除浮躁，保持心态宁静

在如今这个社会，心态浮躁的人越来越多，而能够静下心来、真正享受生活的人却少之又少。曾经有位佛学大师说过，一个人最好的心态就是能够静下心来，保持沉稳。的确如此，很多人都曾经在夜晚欣赏过月亮，那么就会发现波光粼粼的水面无法映出完整的月亮，只有在平静的水面上，月亮才能犹如圆盘一样皎洁明亮。同样的道理，人的心也像水潭，如果总是处于波澜壮阔的姿态，固然能够轰轰烈烈，但是却无法收集更多外界的信息。只有当心态保持宁静时，才能映射出心中的明月，也才能收集更多的信息，从而让人生保持更好的姿态。

以前每当天气炎热的时候，人们总是说心静自然凉，这是因为当一个人内心保持平静，他就能够让自己的能量处于淡然的状态，也不会因此而让自己变得燥热。然而在现实生活中，要想让心态真正保持平静却很困难，这是因为大多数人的生活节奏越来越快，工作压力越来越大，都会在浮躁中迷失了自我。他们固然还记得自己的理想和目标，但是当在现实生活中被浮躁俘虏时，他们不得不与浮躁进行斗争，才能让自己再次回归平静的状态。也可以说人只有战胜浮躁，才能成为命运的主宰，否则浮躁就会成为人生的囚笼，让人生从平静走向喧嚣混乱，最终使得人生失去最好的滋味。

从心理学的角度而言，浮躁是一种心态，这种心态让人紧张不已、焦虑不安。每个人都希望自己能够一步迈入成功的行列，却不知道欲速则不达的道理；还有的人总是虚荣心太强，不管与任何人相处都希望自己能够比他人高出一个风头，殊不知，虚荣心太强的人终究会败给自己的欲望，也败给了所谓的面子工程。人唯有真正脚踏实地去努力，去奋斗，才能够渐渐地接近成功。

很多人都把幸福作为人生终极的追求目标，这是因为他们不管是想得到更多的名利和权势，还是想得到更多的金钱和财富，归根结底，他们都是以幸福为最终目标的。当幸福达到他们的标准，他们才能够真正感到满足，然而他们却不知道浮躁也是幸福的天敌，浮躁的人生总是与幸福疏离，或者由于过分追求幸福而变得紧张、焦虑。明智的朋友们要想真正获得幸福，就应该让自己的身心保持平静和从容。从容是浮躁的对立面，也是比浮躁的紧张不安更高明的人生智慧。对于人生来说，从容，就像是一剂良药，能够让人在混乱的心态之中瞬间平静下来，从而保持淡然。

从容的力量是很强大的，有些人以为从容就是冷漠，实际上平静舒缓是宽容大度，是恬然处之。从容的人更能够透过生活的现象看到生活的本质，从容的人也能站在比生活更高的角度上看待生活。他们哪怕遭遇生活的磨难和挫折，也绝不抱怨，而会意识到苦难是成就人生的财富；他们哪怕被命运残忍地捉弄，也从来不与世事纠缠，因为他们知道唯有跳脱到事情之外，才能保持内心淡然，也才能够做到对他人宽容。从容的人与浮躁的人采取截然不同的态度面对世界，外界环境的诸多变化，使得他们采取以静制动的态度，以不变应万变。这样一来，他们才能始终保持内心的安静与平和。他们既不会因为外界而狂喜，也不会因为外界而陷入愤怒的深渊，他们知道自己只有宁静淡然，才能让生命静水流深。

生活中，人人都追求岁月静好，然而生命实在是无法做到安静美好。很多时候，突如其来的灾难会让我们手足无措，也有很多时候，人生的厄运会让我们瞬间不知道如何面对自己。在这种情况下，我们唯有拒绝事事计较，才能让情绪平静，也才能够让心海阔天空。总而言之，只有戒除浮躁，每个人才能从容地面对人生。

古人云，福祸相依，这句话告诉我们，在面对人生的灾祸时，一定要保持心境平和。唯有保持内心平静，我们才不会因为灾祸的到来而失去自身的节奏，在面对幸福时也不会狂喜。很多人都读过《塞翁失马》的故事，实际上主人公塞翁就是一个淡定从容的人。面对失去马匹的厄运，塞翁没有悲伤；面对多得一匹马的好事，塞翁没有狂喜；面对独生子被马受惊摔断了腿，塞翁尽管心疼却也坦然接受；后来全村的年轻人都去战场上丧命，塞翁却能够与儿子相互依偎。在此之前，看到塞翁的表现，很多不知情的人都以为他一定是人老糊涂了，实际上塞翁拥有大智慧，所以始终能够从容处事。

记住，不管在什么情况下，人生都不能被浮躁俘虏，否则就会受到浮躁的奴役。在面对任何事情的时候，如果人们总是大惊小怪、失去镇定，就无法平静淡然。真正高远的人生，必须更从容，才能进退有度，才能气势磅礴。

第10章

只要去行动，人生没有不可能

我们都知道，成功来自于自信，自信者有着决胜的信念，在他们的字典里，是绝没有“不可能”的事情，他们成功的因素之一就是行动力，一切用行动说话，不达到目的就不罢休，咬定青山不放松，使“不可能”变为“可能”。其实，能够打垮自己的往往不是别人，而是内心的“不可能”，所以，相信自己，只要你去做，“一切皆有可能”。

战胜恐惧，勇敢去尝试

从很小的时候，我们就开始接受关于人生和理想的教育，被父母灌输长大之后一定要出人头地的思想。实际上，对于人生而言，成功并没有统一的标准，有的人觉得成功就是有更高的官位，有的人觉得成功就是赚取更多的钱，还有人觉得成功就是要岁月静好。的确，成功向来没有统一的标准，任何情况下，我们都要牢记自己的初心，而不要在追求成功的道路上迷失自己。很多人都过分关注成功，都希望人生轰轰烈烈，殊不知，大多数人的人生注定要平平淡淡。难道平凡的人生就不成功吗？当然不是。只要你能够按照自己期望的方式生活，得到自己想要的生活，就是真正的成功。做到这一点，最关键的在于战胜恐惧，勇敢去尝试，努力去追求。

古人云，一屋不扫，何以扫天下，实际上这句话非常有道理。人生中只能偶尔遇到惊天动地的大事，大多数情况下，我们要与小事打交道，唯有把小事做好，我们才能真正做好大事。否则，就是舍本逐末，就是不懂得人生的意义，也让人生本末倒置。然而，潜移默化的教育根深蒂固，如果我们对小事习以为常地忽视，那么渐渐地，我们就会彻底忽视小事，也无法感受到小事的价值和意义。众所周知，万丈高楼平地起，每一件大事情都是由很多件小事组成的，也因此注定了小事情和小细节会影响到大局。所以真正的勇者，不会忽略小事，也不会因为对小事的漠视，就让人生止步不前，否则很有可能导致人生惨败，甚至带来无法挽回的后果。

很久以前，小威因为小事上不肯吃亏，所以总是在小事上惹下祸患。也因为总是忽略小事，不愿意去尝试，他也错过了人生的很多机会。

有一次，小威接受单位的任务出差，去订购一批牛皮。小威到了牛皮的原产地，参观了很多家牛皮生产厂家，也进行了细致的比较，从而确定在一家牛皮质量好、价格也相对合理的工厂订购。原本，小威完成任务是万事俱备只欠东风，没想到小威最终却闯下了大祸。他在与牛皮厂家签订的合同上特意写道："每张大于0.5平方米、有疤痕的不要。"结果，这个顿号创下了大祸，导致小威给公司造成了严重的损失。牛皮厂家发来的牛皮，全都是小于0.5平方米、没有疤痕的低级牛皮。最终，小威和公司只能是哑巴吃黄连，吃了个哑巴亏，小威为此被扣掉年终奖，而且还遭到了上司的严厉批评。

如果把合同上的备注写成"每张大于0.5平方米。有疤痕的不要"，那么小威和公司就无需承担这样的巨大损失。归根结底，是因为小小的细节，导致小威错过了一个大功劳，反而闯下了祸患。与此相似的案例，现实生活中时常发生，然而既然是因为自己的失误导致的，只能默默地承担后果。唯一的收获就是，要告诫自己以后不要发生类似的事情，从而才能避免再次遭受同样的损失。

从本质上而言，人生的很多转折点并非出现在重大的事件上，而是因为小事才出现转折。所以我们要更加注重生活和工作中的细节，也不要漠视任何努力。记住，成功的人生是从小事展开的，所以唯有我们努力做好每一件小事，才能让人生越来越接近成功。细心的朋友会发现，大多数成功者虽然没有过人的天赋，但是他们的确有着过人之处。他们从来不觉得自己做的是小事情，而是以完成大事的态度面对和处理小事。正如古人所说，不积跬步无以至千里，不积小流无以成江海。人生也是如此，唯有做好日复一日的琐碎小事，才能让人生积累更多的财富，也成就更大的事业。

现代职场，很多年轻人对于本职工作完全不放在心上，总觉得工作不值一提，也不会有什么成就。殊不知，如果你连最基本的工作都做不好，上司怎么可能把重要的任务交给你去完成呢！只有用小事证明自己的认真负责，你才有机会承担重要的工作任务，也才有机会完成人生的伟大使命。因而，每一个想要成就人生伟业的人，都绝不会放过任何小事情，因而要想成就大事，就要着眼于小事，要想建立功绩，就要以小博大，以细节证明自己的真正实力。

积极行动，一切空想对于人生都毫无意义

很多人误以为成功一定要拥有积极的心态，这样在面对人生的困境时，才能做到乐观向上。而实际上，人生要想获得成功，除了积极的心态之外，还应该有方法去应对恐惧，这样才能战胜发自心底的胆怯，也才能改变人生怯懦的姿态。每个人在人生的路上要勇往直前，才能够彻底消除内心深处的恐惧和犹豫不决，也才能让人生乘风破浪。否则，再好的想法一旦耽于想象，就会让人无限拖延下去，也让人彻底失去行动力。

纵观古今中外，无数的成功者之所以能够获得成功，就是因为他们拥有积极的心态，而且还能够在第一时间展开行动。这使他们不会接二连三地犯错误，而能够抓住最好的时机，在人生中不断地推动自己努力向前。任何人，如果只有所谓的空想，而不能够做到心态积极、勇往直前，那么他们最终会错失最好的发展机会。归根结底，一切空想对于人生都毫无意义，要想让人生拥有更美好的未来，我们只有积极地展开行动，遇到任何困难都决不放弃。

如果总是让梦想耽于所谓的空想和幻想，而没有付出任何的实际行动，那么不管想象再怎么好，一切都会成为幻想。伟大的成功学家卡耐基曾经说过，一个人要想实现梦想，就要当机立断，勇敢地去做，哪怕心底里有深深的恐惧，也要战胜

这份恐惧，鼓起所有的勇气去行动。这样一来，才能让恐惧消除，也才能让人生绽放出不同的光彩。细心的朋友们也会发现，一个人如果心怀恐惧，而又无限拖延，那么恐惧就会在拖延中发酵。相反，如果当机立断去做，也许事实会告诉我们事情并没有那么糟糕，也会帮助我们及时调整思路，做出更好的表现。所以任何时候都不用要求自己一定得把某件事情做到什么程度，而是要记住，哪怕最终遭遇了失败，行动也比无动于衷来得更好，更有效果。

在一次演说中，一位伟大的励志大师手中拿着一张百元钞票对着台下的观众问道："有谁想得到这张一百元的钞票呢？"他的话音刚落，台下的听众就马上都举起了手，看着密密麻麻举起了手，大师依然站在讲台上，而只是用自己的手继续高举着这张百元大钞。又过了一会儿，他继续问道："你们之中有谁想得到这张百元钞票呢？"再次听到这样的提问，有几个心急的人迫不及待地站起来，因为他们觉得举手已经不足以代表他们的决心。没想到励志大师依然站在讲台上，丝毫没有走下讲台的意思。观众们很疑惑，不知道大师的葫芦里买的是什么药。

当励志大师第三次问"有谁想得到这张钞票吗"时，终于有观众急不可耐地离开座位，走上前去，从大师手中拿走钞票。这时，终于腾出手的励志大师带头给这名听众热烈的掌声，在大师的带动下，不知所以的听众也纷纷鼓掌，但是他们有其中有很多人并不知道大师鼓掌的原因。等到掌声渐渐平息，大师才说："和你们相比，他之所以能够得到钞票，最重要的是他站起来，让自己的屁股离开了座位，并且走到了我的身边，从我手中拿走了钞票。这告诉每一个人，与其坐在那里说一些大话和空话，还不如当即展开行动，这样才有可能获得成功。”

哪怕再有想法，哪怕把未来设想得再好，如果不能够真正展开行动，就会导致一切想法都变成空想，对人生毫无意义。不管怎样，切实行动能够让我们消除内心的恐惧，而在行动的过程中，我们不得不应付各种突发的情况，也无暇再去杞人忧天。同样的道理，行动能够让我们缩短与目标之间的距离，这样一来才能够实现梦想，也才能让自己得到更好的发展。正如一句广告词所说的，心动不如行动，我们与其羡慕成功者的成功和光环，还不如当机立断，让自己切实地努力，从而距离成功越来越近。

在真正获得成功之前，每天都把成功挂在嘴上，不如把成功握在手上，让自己通过努力的劳动更加接近成功。要知道，这个世界上没有不劳而获或者一蹴而就获得成功的人。成功是永远没有终点的，就像人生是一趟没有归途的旅程。既然如此，也就没有人知道人生的终点在哪里，我们只能一步一步地艰苦跋涉。否则，如果我们总是停留在原地，止步不前，那么就会被生活的洪流远远地甩下，最终成为滞后者。

勇敢者的字典里没有“不可能”

在人类真正进入太空在月亮上漫步之前，每次提起《嫦娥奔月》这个神话故事，别说是中国人了，就算整个世界的人都觉得这一定是在痴人说梦。然而当人类真正踏上月球。并且带回了在月球上的泥土，《嫦娥奔月》的梦想就这样成为了现实，也让整个人类在宇宙中前进了一大步。很久以前，面对浩瀚的大海，人们觉得自己非常渺小，甚至不敢想象自己有朝一日能够在大海中自由地游动或者穿行，直到世界上诞生了巨轮，人们才相信原来人类的力量这么伟大，不但可以征服同类，也可以征服大海。

世界大到让人无法用脚步去丈量。然而在拥有了各种各样便利的交通工具之后，人们只需要十几个小时就能到达地球另一端的美国。尤其是网络的推行，更是让整个地球变成了一个小村落，甚至让人类与太空之间也产生了联系。总而言之，在生命不断前进的过程中，一切不可能都变成了可能，都有了真正实现的机会，所以说生命的本质就是一个奇迹，每个人都是这个世界上充满了力量的存在。只要用心面对人生，从不以消极心态面对需要解决的问题，我们就能够借助生命的平台，创造人生的奇迹。

对于怯懦者而言，这个世界上有太多的不可能；对于真正的勇敢者而言，一切的不可能都是创造奇迹的好机会，都能够转化为可能，也能够为我们的人生添加光彩。要知道，一味地计较自己付出了多少、得到了多少，并不能让人得到幸福快乐，唯有真正地不畏惧困难，我们才能够把工作完成得恰到好处。实际上，现实生活中有很多人之所以把自己限定在特定的高度，或者是一定的圈子里，就是因为他们把自己逼入了绝境。人生真正得到希望的时候，实际上也伴随着一定程度的绝望，而在人生面对绝境的时候，其实希望已经隐藏在绝境之后偷偷地到来。所以，不管面对人生怎样的境遇，我们都应该怀着一颗积极的心，也应该在人生中拥有更加理想的表现。

人生之中没有任何事情是不可能的，对于真正的人生强者来说，必须把“不可能”三个字从人生的字典里去除。一个人唯有满怀信心，让生命爆发出激情与活力，才能够让人生拥有更好的未来。

1485年6月，哥伦布提出了一个让所有人都感到震惊的计划，那就是以航海的方式围绕地球转一圈。他相信，只要航行达到一定的距离，他就能到达真正的东方。当然，这样前所未有的航行需要大量资金，为此他四处游说当地的贵族，甚至请求国王出资支持他。在听说哥伦布的奇思妙想之后，很多人都坚决反对，因为他们认为哥伦布根本不可能实现这么荒谬的设想。但是哥伦布却始终坚持梦想，坚信自己只要一路向东，就能够到达地球的东方。

看到哥伦布的想法这么坚定，很多西班牙人都妥协了，但是这并非是因为他们觉得无需反对哥伦布，而是因为他们认为哥伦布只要一路向西航行，走不了多远，就会被大海彻底淹没。所以他们认为哥伦布根本出不去大海，更不可能到达遥远的东方。为此，他们把哥伦布的设想当成一个笑话，根本不放在心上。没过多久，哥伦布首航成功。在有了首航成功的经验之后，哥伦布对于自己到达东方更加信心满满，为此他开始筹计划第二次航行。然而哥伦布的第二次航行却遭到了人们更强烈的反对，甚至有人想通过暗杀的方式打消哥伦布继续航行的念头。最终，哥伦布排除万难，到达了美丽富饶的东方，也发现了地球上的新大陆。不得不说，哥伦布创造了人生的奇迹，而这个奇迹并非来自于那些字典里的“不可能”。正是因为他坚信人生没有不可能做到的事情，所以他才能够创造伟大而又神奇的人生。

每个人的人生之路都是漫长而又曲折的，极少有人生之路能够平顺的。大多数人，在人生之中都要经历艰难坎坷的阶段，也会遭遇无法超越的困境，甚至还会遇到看似令人绝望和窒息的窘境。但是不管在人生中面对怎样的境遇，我们都应该更加勇敢地面对自己，而不要总是觉得自己不管做什么事情都不可能实现。否则，一旦我们首先否定了自己，又如何能够在人生中有好的发展呢？实际上，每个人都唯有对人生满怀信心，才能够拥有更美好的未来。

打破安逸的现状，不断地增强自身的实力

人都有趋利避害的本能，每个人都希望生活安逸无忧，而害怕生活动荡不安。在这种情况下，每当外界有任何风吹草动，他们都会觉得心惊胆战，因而感到深深的恐惧。实际上，

他们更喜欢躲在毫无压力的生活环境中，安逸舒适地度过人生。尽管这种做法对于很多人生的强者而言，是埋没人生的表现，但是一个人唯有把自己置之死地，才能证明自己的能力，也才能让自己更加从容坦荡。

作为人生真正的强者，一定要跳出舒适区，勇敢地迎接人生的风雨和大浪，这样才能在人生中有更好的表现。毋庸置疑，每个人在人生之中都有规划，也有人生目标，与其在人生中不断地沉迷，不如摆脱胆怯的个性，挣脱内心的束缚，让人生更加勇往直前。要想真正改变人生，我们就必须努力去尝试，这样才能彻底摆脱庸庸碌碌的人生，也才能在人生中不断地增强自身的实力，让自己得到提升和完善。如果总是一味地沉迷于安逸，就会变得更加胆怯，也会畏缩不前。

大多数人都希望人生风平浪静，也希望自己能够克服对冒险的恐惧，从而给予人生更多的可能性。殊不知，正是因为这样的恐惧存在，人们才能在人生中不断地前进，增强自身抵抗挫折和磨难的能力，也才能变得越来越成熟，茁壮地成长。其实对于每个普通的生命而言，唯有抛出心中的杂念，才能集中所有的精神和力量，成就勇敢、伟大的人生。当然，人人都想把自身最完美的一面呈现出来，却不知道每当人生遭遇坎坷波折的时候，就有可能会放弃。与其在困境中贪图安逸，自欺欺人，不如鼓起勇气，信心百倍面对人生。否则，是根本不可能度过人生困境的。作为真正的人生强者，我们一定要在人生中投入更多，从而让自己勇往直前，在人生中有所成就。伟大的成功学大师卡耐基曾经说过，在这个世界上，只有敢于尝试的人，才能让人生变得积极乐观。否则，一旦遭遇被动，人生就会陷入绝境。的确，不管是对于个人而言，还是对于整个世界而言，只有不断地变革，才能够取得伟大的进步。记住，一个人唯有跳出固有的生活，让自己站在至高点上，才能够成为当之无愧的人生冒险家，也才能够以星星之火燎原，从而让人生得到彻底的逆袭和改变。

法国大名鼎鼎的作家大仲马在文学界享有很高的声誉，然而在年轻的时候他并不顺利，甚至因为家境贫困，不得不迫切地寻找工作，以便养活自己，也帮助父母养家糊口。他在巴黎努力了很久，却始终没有找到合适的工作。为此，他寄希望于父亲的朋友，希望父亲的朋友能够帮助他，让他尽快找到一份工作谋生。

为此，大仲马特意带着礼物去拜访父亲的朋友，并且表明了自己的需求。在听完大仲马的讲述之后，朋友很想了解大仲马的特长，因而问大仲马："你是否精通数学？"大仲马摇摇头，朋友又问："那么，你是否精通地理和历史呢？"大仲马依然摇摇头。接下来，不管这个朋友问什么，大仲马都接二连三地摇头。面对毫无特长的大仲马，朋友不免感到纳闷："每个人都有自己的特长，为何这个小伙子没有特长呢？一定是因为他不能客观认识和评价自己，才导致总是否定自己的。"为此，朋友要求大仲马认真想一想自己擅长什么，并且让大仲马留下联系的地址。

大仲马当即拿出纸笔书写自己的地址，写完之后就转身准备离开，这时朋友却像哥伦布发现新大陆一样惊喜，他大喊大叫地说："你写得一手好字呀！年轻人，你的前途一定不可限量！"听到朋友这么说，大仲马觉得自己的确变得与众不同起来，从此之后，他开始尝试着进行文学创作，最终成为了举世闻名的文学家。

面对生活的磨难，大仲马感到非常自卑，又因为他不能发现自身的长处，而只是想找一份与自我评价相符合的工作来养活自己。这样一来，他根本无需挑战自己，只用从事最简单的工作。实际上，当时大仲马的心态与如今的很多年轻人一样，那就是小富即安，想从事一份相对自己而言非常简单的工作，从而维持生活。假如当年父亲的朋友没有突破大仲马的心理舒适区，那么大仲马就不会走入文学的领域，更不会在文学创作的道路上卓有成就。可想而之，大仲马在最初从事文学创作的时候，一定也经历了很多磨难，毕竟自卑并不那么容易消除。而作为一个自卑的人，大仲马也不可能马上变得强大起来。但是对于大仲马而言，唯有真正改变人生的舒适区，才能够激发自身的潜力，找到最适合自己发展的人生道路。

对于每个人而言，人生从来都不是确定的，而人生的神奇和魅力就在于它充满了不确定性。每个人只有勇敢地面对人生，品味人生的真味，才能彻底战胜发自心底的自卑，消除深深的恐惧感，从而在人生中以强者的姿态出现，把握命运。

参考文献

[1]宿文渊.你无法改变世界时改变自己[M].北京：中国华侨出版社，2018.

[2]马德.请原谅生活对你的所有刁难[M].北京：九州出版社，2017.

[3]黄曲欣.苦熬过最难熬的日子，便是阳光满地[M].广州：广东人民出版社，2018.

[4]宿文渊.生活给你的，一定是你能承受的[M].长春：吉林出版集团股份有限公司，2018.